城市与区域韧性
迈向高质量的韧性城市群

彭　翀　林樱子　等　著

国家自然科学基金面上项目（51778253）、华中科技大学
交叉研究支持计划项目（5003220075）资助出版

科学出版社

北　京

内 容 简 介

城市群韧性是推动区域高质量发展的重要内容。本书作为"城市与区域韧性"多卷本之开篇,以多学科的相关理论与分析技术为支撑,系统论述面向高质量发展的城市群韧性基础理论、量化评估和应用实践。首先提出城市群韧性的理论框架与核心理论;然后围绕城市韧性理论框架,从韧性效率、韧性机制、韧性网络和韧性周期四个方面重点介绍城市群韧性的量化评估与技术方法;最后通过城市群韧性规划相关实践案例,探讨具有可推广性的韧性优化策略与实现路径,可为城市群国土空间的高质量和可持续发展提供借鉴。

本书适合城乡规划、区域规划、经济地理、城市管理等相关领域的学者与从业者阅读参考。

审图号: GS 京(2024)2334 号

图书在版编目(CIP)数据

城市与区域韧性. 迈向高质量的韧性城市群 / 彭翀等著. -- 北京 : 科学出版社, 2025.3. -- ISBN 978-7-03-080710-6

I. TU984

中国国家版本馆 CIP 数据核字第 2024XX4780 号

责任编辑:孙寓明 刘 畅/责任校对:高 嵘
责任印制:徐晓晨/封面设计:苏 波

科 学 出 版 社 出版

北京东黄城根北街 16 号
邮政编码:100717
http://www.sciencep.com

北京中科印刷有限公司印刷
科学出版社发行 各地新华书店经销
*
开本:787×1092 1/16
2025 年 3 月第 一 版 印张:13
2025 年 3 月第一次印刷 字数:306 000
定价: 168.00 元
(如有印装质量问题,我社负责调换)

作者简介

彭翀（1980—），湖北武汉人，华中科技大学建筑与城市规划学院教授、博士研究生导师，国家注册城乡规划师，湖北省城镇化工程技术研究中心副主任。主要研究方向为可持续规划与设计。近年来，发表学术论文80余篇，出版著作4部，主编住房和城乡建设部"十三五"规划教材、高等学校城乡规划学科专业指导委员会推荐教材《城市地理学》，主持国家社会科学基金重点项目、国家自然科学基金面上项目等各类纵横向科研项目20余项，获第九届湖北省社会科学优秀成果奖三等奖、湖北省发展研究奖二等奖、国家级和省级规划设计奖等。

林樱子（1991—），江西上饶人，武汉工程大学土木工程与建筑学院讲师、博士，主要研究方向为可持续城市与区域规划、城市韧性与城市网络。发表学术论文10余篇，参与撰写著作6部，参与国家社会科学基金重点项目1项、国家自然科学基金面上项目1项、省部级与校级课题6项。

序

进入高质量发展时期，城市面临越来越多的不确定性风险，应对灾害冲击的韧性理论及其空间规划应对成为城乡规划领域重要的探索方向。"Resilience"这个词刚传入时，还需要在许多场合发言时校对，说明这个词不是中文中的"弹性"，而是特指受冲击后的恢复能力，所以翻译成"韧性"才是本意。这几年还是有这样的场所需要矫正，但需要的频率越来越低了。所以能够有三本系列书专门写"韧性"这个关键词性，是时代的需要。

"韧性"是过去 20 年在联合国各类会议讨论的高频词，也是城市规划学界认真对待的，关乎城市百姓生命财产安全根本问题的关键词。城市韧性是指城市系统能够准备、响应各类多种冲击威胁并从中尽快恢复，并将其对公共安全健康和经济的影响降至最低的能力。

"韧性城市"这一概念历经多年发展，时至今日其内涵已超越了单个城市到多城镇群落，从微观到宏观的多空间尺度特征，从被动应对到主动提前规划设计，从硬件储备应对逐步发展到全面治理政策体系。

要实现城市与区域空间的韧性发展，首先，需要系统梳理城市与区域发展中各种可能受到的冲击，包含冲击类型的强度、频次等风险规律，以及城市与区域空间韧性的相关理论与基本规律；其次，可以汲取历史经验，总结、借鉴和转化用于现代城市的方案；第三，与人工智能和信息化方法结合，面向空间规划管理需求，探索自主感知、自我判断、自动反应的城市，实现智慧韧性。

华中科技大学彭翀教授团队十年来对韧性理论与实践工作进行持续研究与探索，取得了一些成果。"城市与区域韧性三部曲"基于团队前期研究进行梳理总结，结合城乡规划学、区域经济学、经济地理学等多学科理论，针对空间规划领域开展韧性的理论、方法与路径探索。在对象上，三本书分别围绕当前我国城市区域中三类主要的空间形态"城市群—都市圈—城市"展开了差异化分析，尝试捕捉不同尺度类型城市区域发展中的复杂性，形成了"以高质重发展为导向的韧性城市群""以网络化为目标的韧性都市圈""以多风险响应为诉求的韧性城市"有机组合的三本成果。在内容上，三本书遵循"理论—方法—实践"的组织逻辑，重点探讨不同尺度对象的韧性理论基础与框架、韧性测度与分析方法、韧性路径与实践应用，有助于为韧性理论研究和实践提供参考。

城市与区域韧性的研究仍有广阔空间，面向未来的城乡规划建设、运营中对于韧性理念、韧性手段的实践性过程仍大有可为，例如，对于韧性机制、多风险耦合等方面的探索亟待深化，案例的丰富性和多样性仍可持续拓展与迭代，大数据与人工智能方法的综合应用需要不断加强等。

期待在未来的研究中，中国的城市规划军团能够持续扎根韧性规划与实践，创造世界级的新理论、新方法、新技术和新体系，开展创新研究服务本土实践，并服务于更多全球南方发展中的城乡，不断推进世界韧性城乡空间规划发展。

我特此推荐此系列书，也期待这套书会有其他语言版本的出现。就像我突然发现我的智慧城市规划的书已经被翻成了越南文一样的惊喜。

期待。

吴志强

同济大学教授

中国工程院院士

瑞典皇家工程院院士

德国国家工程科学院院士

前　言

当今世界的城市与区域面临诸多风险与挑战,"城市与区域韧性"多卷本尝试初步探讨空间发展的韧性问题,在空间尺度上选取从宏观至微观的典型形态——城市群、都市圈和城市,形成三部曲:《城市与区域韧性:迈向高质量的韧性城市群》《城市与区域韧性:构建网络化的韧性都市圈》《城市与区域韧性:应对多风险的韧性城市》。该系列较为系统地阐述城市与区域韧性的理论框架、方法技术和实践应用。在内容上,这三本书在共同的理论来源基础上,探讨不同空间尺度下韧性理论框架、适用性、提升路径等。在结构上,三本书都遵循"理论基础与理论框架—测度与分析方法—实践应用与实施路径"的逻辑组织撰写。

本书构思源于作者团队对区域韧性的研究及近年来对长江经济带城市群工程实践的思考。区域韧性的基本含义是指在危机出现时,区域能够化解冲击、维持其主要功能运转,并利用资源和机遇改善与提升自身的能力,对区域的可持续发展意义重大。长江经济带横跨我国东中西三大区域,覆盖江苏省、浙江省、安徽省、江西省、湖北省、湖南省、四川省、云南省、贵州省、上海市和重庆市9省2市,是我国综合实力最强和战略支撑作用最大的区域之一,具有独特的流域优势和巨大的发展潜力。然而,其沿线城市群快速发展的过程中,也面临着资源利用不足、生态环境敏感、区域协调乏力等潜在问题。在此背景下,关于城市群韧性的理论与实践探索成为推进新型城镇化与区域高质量发展的重要内容。城市群韧性不同于城市韧性,具有多层级和体系性特征,既关注城市个体的韧性属性,又重视城市之间的韧性关联,因此重在功能性而非"建设性"问题。例如在韧性属性研究中,现有研究主要围绕经济、社会、工程、生态等单个领域或综合韧性能力进行探索,且多以韧性能力评估及其空间分析为主,鲜有对韧性能力与资源利用关系的思考。作者团队在研究过程中发现效率的重要性,不仅重视韧性能力测度,同时考察资源环境消耗,即"韧性效率"问题;在韧性空间研究中,城市群网络强调城市之间的协调与合作,不应仅仅关注常态情景下的平稳发展,还需要思考在遭遇自然或人为破坏下的特征变化与韧性发展,即韧性网络的"多情景"问题;在韧性过程研究中,考虑如何将时间与循环纳入韧性中并探讨长短周期下的韧性演化规律,即"韧性周期"问题。这些有趣的思考是作者团队全面综合探索城市群韧性的出发点。

本书包含三篇共9章。第一篇(第1章和第2章)是城市群韧性的基础与核心理论,在系统阐释城市群韧性概念的基础上,从本体理论和认知理论两个维度构建城市群韧性的理论框架。基于第一篇的理论研究,第二篇主要以长江经济带和长江中游城市群为研究对象,从韧性效率、韧性机制、韧性网络和韧性周期四个方面进行城市群韧性的评估测度。主要内容包括面向效率的韧性水平评估(第3章)、基于交互机制的韧性耦合评估(第4章)、基于多情景的韧性网络评估(第5章)和基于长短周期的韧性演化评估(第6章)。第三篇提出城市群韧性的提升路径(第7章),并以湖北省武汉城市圈(第8章)和襄十随神城市群（第 9 章）为例，探讨不同空间尺度下的韧性应用方法与实践，提出城市群韧性的优化策略和建议，为城市群的可持续发展提供参考经验与优化思路。

本书具有如下特点。一是系统构建了城市群韧性的系统理论框架，创新性地从"本体理论+认知理论"解读城市群韧性的概念与内核。其中，本体理论关注韧性的属性特征与时空分析，包含韧性属性、韧性空间与韧性过程三方面内容；认知理论是在本体理论的基础上对其量化测度和形成机理的进一步探索，主要由韧性评估、韧性机制和韧性响应构成。二是提出了具有特色的城市群韧性评估理论与技术，主要体现在：将资源消耗纳入韧性属性研究中，对"韧性效率"进行了有益探索，构建了基于"成本—能力—效率"的韧性水平评估框架与方法；从常态和突发情景出发考察韧性网络，并提出面向连通高效与中断破坏的城市群网络空间评估技术；创新地从长短周期视角跟踪城市群的韧性水平及其影响因素，对城市群的韧性周期进行了初步尝试与探索。

本书写作具体分工如下。全书策划：彭翀；大纲撰写和主要观点提炼：彭翀、林樱子；全书统稿、校对和定稿：彭翀、林樱子；第 1 章：肖美瑜、林樱子、彭翀；第 2 章：肖美瑜、林樱子、彭翀；第 3 章：林樱子、彭翀、吴宇彤、彭仲仁；第 4 章：林樱子、彭翀、陈鹏、张梦洁；第 5 章：伍岳、林樱子、陈思宇、彭翀、顾朝林、王宝强；第 6 章：陈梦雨、王强、彭翀、张梦洁、林樱子；第 7 章：林樱子、郭祖源、王强、陈梦雨；第 8 章：陈鹏、王佳俊、林樱子、彭翀、黄亚平、谢来荣；第 9 章：化星琳、李月雯、舒建峰、陈梦雨、杨姣娜、陈鹏、伍岳、左沛文、肖美瑜、雷锦洪、刘善主、李鹏涛、万玲、刘鹏、安耀文、宋奇南、甘逸澜。

本书相关研究获得国家自然科学基金面上项目"长江经济带城市韧性评估、机制及其规划响应研究"（51778253）、华中科技大学交叉研究支持计划项目（5003220075）的支持。感谢在研究和写作过程中顾朝林、黄亚平、詹庆明、颜文涛、龚健、郑文升、陈锦富、刘合林、王宝强、张梦洁、翟炜、程建权等多位专家的指导与无私帮助；同时，感谢湖北省自然资源厅、武汉市自然资源和规划局、武汉华中科大建筑规划设计研究院有限公司、武汉市规划研究院、襄阳市城市规划设计院有限公司等单位多年来对研究团队开展科研及对案例编写提供的指导与支持！

由于诸多原因，本书仍存在一些不足，如在理论方面可进一步探讨城市群韧性的运行与响应机制；应用实践部分只是初步探索了一些领域和方向，主要聚焦生态韧性与经济韧性展开，未来可继续挖掘城市群韧性理论与方法在实际工程项目上应用的广度与深度。在此恳请读者不吝赐教，团队将在未来的工作中不断改进完善。

彭 翀

2024 年元旦于武汉喻家山

目　录

第一篇　城市群韧性的基础与核心理论

第1章　城市群韧性基础理论 ··· 3

1.1　城市群韧性的概念 ·· 3

  1.1.1　城市群韧性的概念界定 ·· 3

  1.1.2　城市群韧性的主要特征 ·· 4

  1.1.3　城市群韧性的理论研究和实践探索 ·· 7

1.2　城市群韧性的理论框架 ·· 10

第2章　城市群韧性核心理论 ·· 12

2.1　韧性的本体理论 ·· 12

  2.1.1　韧性属性 ··· 12

  2.1.2　韧性空间 ··· 17

  2.1.3　韧性过程 ··· 25

2.2　韧性的认知理论 ·· 30

  2.2.1　韧性评估 ··· 30

  2.2.2　韧性机制 ··· 34

  2.2.3　韧性响应 ··· 35

第二篇　城市群韧性评估

第3章　面向效率的韧性水平评估 ··· 43

3.1　韧性效率评估思路 ·· 43

  3.1.1　评估指标 ··· 43

  3.1.2　数据来源 ··· 45

  3.1.3　评估思路 ··· 45

3.2　韧性效率评估方法 ·· 46

3.3　韧性效率时空分异 ·· 48

  3.3.1　韧性效率现状特征 ·· 48

  3.3.2　韧性效率演化特征 ·· 55

3.4 韧性效率聚类特征 ·· 61

   3.4.1 韧性水平聚类 ··· 61

   3.4.2 韧性空间聚类 ··· 62

   3.4.3 韧性聚类特征 ··· 63

第4章 基于交互机制的韧性耦合评估 ························ 65

  4.1 韧性交互测度思路 ··· 65

   4.1.1 评估指标 ··· 65

   4.1.2 研究方法 ··· 66

  4.2 韧性领域分项水平 ··· 67

   4.2.1 子系统水平的时空演化 ································· 67

   4.2.2 子系统水平的类型演化 ································· 77

  4.3 韧性领域耦合协调 ··· 79

   4.3.1 总体耦合协调 ··· 79

   4.3.2 成对耦合协调 ··· 84

第5章 基于多情景的韧性网络评估 ···························· 88

  5.1 韧性网络评估方法与技术 ································· 88

   5.1.1 常态评估技术方法 ·· 88

   5.1.2 扰动评估技术方法 ·· 92

  5.2 面向连通高效的常态评估 ································· 95

   5.2.1 常态评估中网络结构韧性分指标特征 ········ 95

   5.2.2 常态评估中网络结构韧性综合特征 ·········· 102

  5.3 面向中断破坏的扰动评估 ······························· 104

   5.3.1 扰动评估中网络结构韧性特征 ················· 104

   5.3.2 扰动评估中网络关键节点特征 ················· 105

第6章 基于长短周期的韧性演化评估 ······················· 108

  6.1 韧性周期评估思路 ·· 108

   6.1.1 韧性周期评估背景 ·· 108

   6.1.2 韧性周期评估步骤 ·· 109

  6.2 韧性周期评估方法 ·· 109

   6.2.1 短周期经济韧性评估方法 ··························· 109

   6.2.2 长周期经济韧性评估方法 ··························· 111

6.2.3　影响因素分析方法 ··· 114

6.3　经济韧性评估与特征 ··· 115

6.3.1　短周期经济韧性评估与特征 ··· 115

6.3.2　长周期经济韧性评估与特征 ··· 125

6.4　长短周期影响因素 ·· 131

6.4.1　短周期经济韧性影响因素分析 ·· 131

6.4.2　长周期经济韧性影响因素分析 ·· 132

6.4.3　双周期经济韧性演化综合分析 ·· 134

第三篇　城市群韧性提升路径与实践

第7章　城市群韧性优化路径 ··· 139

7.1　韧性要素优化 ··· 139

7.1.1　综合韧性优化 ··· 139

7.1.2　领域交互优化 ··· 140

7.2　韧性网络优化 ··· 141

7.2.1　常态情景下的韧性网络优化策略 ··· 141

7.2.2　中断破坏下的韧性网络优化策略 ··· 142

7.3　韧性周期优化 ··· 143

第8章　武汉城市圈功能网络韧性特征识别与提升 ······························ 145

8.1　研究区域概况 ··· 145

8.1.1　武汉城市圈区域概况 ·· 145

8.1.2　武汉城市圈发展历程 ·· 145

8.1.3　武汉城市圈功能分工 ·· 146

8.2　武汉城市圈功能网络韧性特征 ·· 147

8.2.1　研究思路 ··· 147

8.2.2　研究方法 ··· 147

8.2.3　功能网络韧性特征 ··· 148

8.3　武汉城市圈功能网络韧性提升策略 ·· 157

8.3.1　巩固基础，营造支撑稳定的发展环境 ······································ 157

8.3.2　战略引领，构建分工合理的功能体系 ······································ 160

8.3.3　加强联系，建立竞合友好的发展格局 ······································ 161

第9章　襄十随神城市群国土空间韧性提升 ································· 163

　9.1　研究区域概况 ··· 163

　　9.1.1　区域发展历程 ·· 163

　　9.1.2　区域发展条件 ·· 164

　　9.1.3　国土空间特征 ·· 168

　　9.1.4　韧性安全问题 ·· 170

　9.2　韧性框架构建 ··· 171

　　9.2.1　城市群韧性空间框架 ·· 171

　　9.2.2　城市群韧性重点领域 ·· 172

　9.3　韧性规划策略 ··· 174

　　9.3.1　共筑流域水安全底线，严守水环境安全底线 ···················· 174

　　9.3.2　强化产业分工协作，提升交通开放互联水平 ···················· 176

　　9.3.3　完善公共服务配置，推进新型基础设施普及 ···················· 177

　　9.3.4　共建共享韧性网络，完善区域应急体系建设 ···················· 177

　　9.3.5　健全联防联控机制，保障区域共同应对风险 ···················· 178

参考文献 ·· 180

第一篇

城市群韧性的基础与核心理论

　　本书的第一篇详细阐述"城市群韧性"的基础理论，由两章构成：第 1 章主要介绍城市群韧性的概念与发展，提出城市群韧性的理论框架；第 2 章基于理论框架，从"本体理论+认知理论"的维度详细阐释城市群韧性的内涵，本体理论从韧性属性、韧性空间和韧性过程展开探讨；认知理论主要介绍韧性评估、韧性机制和韧性响应三方面内容。

第1章 城市群韧性基础理论

1.1 城市群韧性的概念

1.1.1 城市群韧性的概念界定

随着"韧性城市"理论与实践的深入开展，空间尺度进一步扩大，学者将区域纳入韧性视野并开展了多项理论探索、案例分析与量化研究（彭翀 等，2015b；杜鹃，2013；Foster，2010；Hill et al.，2008；Maguire et al.，2007）。关于区域韧性的内涵界定，Foster（2010）明确提出区域韧性的概念，认为区域韧性是区域在面对外部干扰或冲击所体现出来的参与、准备、应对和修复的能力。Hill 等（2008）将社会经济属性赋予到区域内涵中，认为区域韧性是指区域在不改变其系统结构和功能的情况下恢复原来状态或改变原来轨迹进入某种新状态的特性。钟琪等（2010）对区域韧性的概念进行界定，认为区域韧性是区域在遭受外界冲击后所剩余的系统能量的总体度量指标，体现为区域从危机中迅速作出响应、调整恢复至原有状态，甚至在变化中超越原有状态得到创新发展的能力；并指出鲁棒性、自组织和自修复能力是一个区域具有韧性能力的重要属性指标，能够确保区域在遭受冲击后保持区域经济社会发展生存的稳定性和连续性。

城市群概念的首次提出可追溯至 20 世纪 40 年代，1949 年，美国协调委员会定义了标准大都市区（standard metropolitan area，SMA）的概念，即一个较大的人口中心及与其具有高度社会经济联系的邻接地区的组合（彭建 等，2011），常常以县作为基本单元（许学强 等，1997）。1957 年，来自法国的地理学家戈特曼（Gottmann）在《经济地理》杂志提出了大都市带（megalopolis）的概念，将城市群定义为一个范围广大的、具有一定人口密度分布的、由多个大都市联结而成的城市化区域（Gottmann，1957）。城市群通过经济上的紧密互联、功能间的互补协作、交通系统的整合，以及城市布局、基础与社会公共设施的共同发展，形成了带有显著地区特征的社会生活网络结构（芮国强，2013；顾朝林，2011）。

城市群韧性是区域韧性的典型代表，反映了其内部城市通过在社会、经济、基础设施和生态环境等多个领域内的协作联通，以高效应对各种挑战和灾难（石宇，2022；魏冶 等，2020）。当城市群受到外界干扰时，城市群内的城市之间协作互补，各城市中的社会、经济、工程、生态等系统共同作用抵御外部冲击。因此，城市群韧性可以认为是城市群应对冲击并恢复、保持或改变原有系统特征和关键功能的综合能力。

1.1.2　城市群韧性的主要特征

1. 抵抗性

抵抗性指的是在面对不利因素时，相应的人群、社区、城市、国家或某些机构所表现出的规避不利因素、自我保护的能力（赵自阳 等，2022；宗会明 等，2021）。在健康领域，抵抗性是指个体或群体在面对生理或心理压力、疾病或创伤时，保持身体或心理功能稳定和正常运转的能力；在生态领域，抵抗性是指生态系统在面对自然或人为干扰时，保持其结构、功能和稳定性的能力；在经济领域，抵抗性是指企业或经济体系在面对市场波动、竞争压力或不良环境因素时，适应和保持持续运营的能力（李连刚 等，2019）；在社会领域，抵抗性是指社会机构或群体在面对灾害、犯罪、社会压力等负面因素时，保持其组织结构、稳定性、凝聚力和可持续发展的能力。尽管抵抗性在不同领域的含义各不相同，但都强调主体在面对不良因素时的自我保护和适应能力，因此抵抗性是承灾体的一种关键特性（荣莉莉 等，2019）。

城市群韧性的抵抗性是指城市群在面对不可避免的自然灾害、人为灾害、经济衰退、社会动荡等挑战时规避干扰的能力。城市群的承灾体是指在面对各类灾害和挑战时所承受的压力和影响的要素，包括但不限于经济总量、人口规模、基础设施建设以及自然生态环境等。这些因素决定了城市群在灾害来临时所能承受的范围和程度，其抵抗力与适应力直接影响城市群的应对能力和恢复力（师钰，2020）。城市群在面对灾害时，其抵抗性受到多重因素的影响。首先，城市群内不同城市的规模、经济水平、基础设施和灾害应对体系等不同，因此在缓解灾害和恢复灾后生产生活方面的能力也不同（范峻恺 等，2020）。规模较大、经济实力强的城市往往有更多的灾害预警设备、应急救援人员和物资，形成更强的灾害缓解和抵抗能力应对灾害。其次，城市群内的城市之间也存在一定的密切联系，如交通、人口、产业等。这种联系既可能促进城市群内的城市在应对灾害方面的合作，也可能成为城市群应对灾害的瓶颈。因此，城市群在应对灾害方面需要加强城市间的合作与协调，才能充分发挥城市群整体抵抗灾害的能力（魏冶 等，2020）。最后，城市群的居民的社会资本、教育水平、灾害意识等也是影响城市群抵抗灾害的重要因素。城市群居民的高素质和良好的社会关系可以增强他们防范灾害的意识和措施。

城市群韧性的抵抗性评价需要综合考虑以下几个方面：①城市群的缓解压力能力。衡量城市群的抵抗能力需要先从其应对灾害的缓解压力能力着手，包括应对疏散、物流和紧急救援等方面。这方面主要从城市群的交通、物流、水利等基础设施和资源配置等方面入手，需要对其既有的模式与流程进行深入了解（王红瑞 等，2022）。②风险管理体系。城市群面对灾害的抵抗能力还体现在其风险管理体系的健全性上，例如早期预警机制、紧急应急预案、应对训练与演练等，所需要具备的资源和应对能力建设都需要进行评估与监测（黄建中 等，2020；覃成林 等，2010）。③生态环境治理。生态环境的优劣也影响城市群的灾害抵抗能力。如果城市群在水资源利用、环境保护、建筑产业规范等方面存在问题，那么将造成更大的灾害隐患。评估城市群时，需要评估其解决这些环境问题的能力（滕堂伟　等，2017a；覃成林　等，2010）。④社会治理模式。社会治理模式的强弱也对城市群的抵抗能力有很大的影响。如果城市群的社区组织、住户自治组织与政府的联动机制不完善、社会救助体系不健全，那么将使城市群更加容易受到灾害的影响（王钧　等，2023）。

2. 适应性

城市群韧性的适应性是指通过指标评估和情景推演，提前分析城市群的脆弱性，针对城市群的韧性短板，在经济、社会、生态、工程等方面做出相应的调整，在面对外部冲击时能够主动地适应环境的变化，进而将不确定性风险可能造成的损失降到最低，实现城市群的可持续发展（陈碧琳　等，2023；师钰，2020）。一些发达国家如美国、英国、荷兰等先后制定了城市防灾计划和韧性规划政策，在提升适应性上起到了示范作用（鲁钰雯　等，2020；王曼琦　等，2018；邓位，2017）。

提高城市群韧性的适应性，关键在于以下几个方面：①建立完善的应急响应机制。制订应急预案、建立应急指挥中心、组织应急演练等，提高城市群面对不同灾害和紧急情况的响应能力（张海波，2019）。②加强基础设施建设和维护。加大对城市群基础设施建设和维护的投入力度，确保城市群的基础设施能够承受各种自然和人为灾害。③提高社会组织应对灾害的能力。促进社会组织的发展，鼓励公民自发行动，培育社区组织和志愿者队伍等，提高城市群应对灾害的能力。④强化风险管理和建设安全防范体系。通过加强风险管理和建设安全防范体系，提高城市群的风险感知能力和应对能力（肖文涛　等，2020）。城市群韧性的适应性需要全社会共同参与，政府、企业、社会组织和居民都应该通过各自的方式来提高城市群的韧性，保障城市群在面临突发事件时能够快速恢复正常运作。

评估城市群面对灾害时的适应性需要综合考虑以下几个方面：①灾害预警和应急响应能力，评估城市群是否建立完整的灾害预警系统和应急响应机制，能否及时做出反应并组织救援行动（鲁钰雯　等，2020；张驰　等，2020）。②城市规划和建设，评估城市群是否考虑到灾害风险，是否采取科学合理的城市规划和建设措施来降低灾害风险（罗紫元　等，2022）。③灾后恢复和重建能力，评估城市群是否有组织、体系化的灾后恢复和重建计划，并能够快速恢复城市功能和生产力。④社会保障和公共服务水平，评估城市群的社会保障和公共服务水平是否健全，在灾害发生时能否给予人民及时有效的支持和救助（王钧　等，2023）。⑤灾害风险管理和减灾措施，评估城市群是否能够有效控制灾害风险，并采取合适的减灾措施来降低灾害造成的影响。

3. 恢复性

城市群韧性的恢复性是指在城市群受到重大灾害或危机后，通过紧急应对和长期恢复重建等措施，使城市群逐步恢复正常的生产、生活和社会秩序的能力。城市群从风险或外部扰动中恢复正常性能的能力越高，则代表该城市群韧性水平越高。城市群的恢复力通常经历损失、缓冲和重组三个关键阶段。首先，在灾害影响下的损失阶段，城市群面临着初始的挑战与困境，其自我调节能力较为脆弱，各项功能可能受到严重影响；随后是缓冲阶段，此时城市群对外部扰动的可恢复性处于边界状态，若超出其承受能力极限，城市群可能无法重新复原，导致功能永久性受损；最后是重组阶段，城市群会全面动员各项资源，以迅速恢复正常运作，在这个阶段，城市将通过整合资源和利用现有的优势，积极应对挑战，重新恢复受影响功能和社会体系，以确保城市群能够从灾害中恢复并持续发展（师钰，2020；吴波鸿 等，2018）。

城市群韧性的恢复性受到多方面因素的影响：①紧急应对措施，城市群受到重大灾害或危机时，需要迅速组织各方力量进行紧急救援、人员疏散、物资调配等，保障人民群众的生命安全和基本生活需求。②战略规划和控制措施，城市群需要制定长远的战略规划，同时也需要在重大灾害或危机发生后，制定控制措施，防止危机扩散，保障城市的社会秩序。③长期恢复重建，城市群需要开展长期的恢复和重建工作，包括重建基础设施、恢复生产生活秩序、营造宜居的城市环境等（别朝红 等，2015）。④市民参与和社会支持，通过市民的参与和社会组织的支持，共同协作、资源共享，构建具有城市群特色的社会共治模式。

灾后城市群恢复的程度也反映了城市群的韧性，当城市群受到外部冲击时，能够在不改变其系统结构和功能的情况下恢复原来状态，甚至改变原来轨迹并进入某种更好的状态时，说明城市群在恢复过程中实现了自主学习转换，达到了更高层次的韧性水平。

4. 关联性

城市群韧性的关联性是指城市群内的部分城市遇到未知风险或外部扰动时，也会给城市群内的其他城市带来影响。城市群内的各城市紧密联系，在政治、经济、文化、交通、社会等方面交流频繁，可以带动城市群整体协调发展，降低整体系统的脆弱性（贺山峰 等，2022）。当一座城市受到灾害时，周边的城市往往需要提供各种支援，如人员、物资等，这些支援可以使灾害的应对和恢复更加得力；同时，城市群的关联性可能也会影响资源和信息的流通和共享，有助于加快灾后重建和复原过程。

然而，城市群中人口和资源的流动也会带来风险的关联与扩散，进而导致城市群网络产生级联效应。级联效应是指在复杂网络中，某些节点或边由于负载过大而崩溃时，无法继续承担运输流量的功能，导致网络中的流量被迫重新分配到其他节点或边上，进而可能造成新的节点或边负载过重而发生连锁崩溃（李倩 等，2013；闫妍 等，2010）。这种现象类似于一个连锁反应，一个节点或边的崩溃会触发周围节点或边的崩溃，从而在整个网络中产生不可预测的影响。级联效应在许多复杂系统中都可能出现，如电力系统、交通网络和金融市场，其产生的影响可能会超出最初的预期范围，对系统稳定性和可靠性构成挑战。由于城市群内部资金、人员、交通、经济来往频繁，当其中一个关键节点城市发生灾害时，风险往往会通过各种资源的流动进入其他城市，进而影响城市群内其他城市的安全，形成灾害链式反应，因此城市群中不同城市的地理位置、经济联系等都会影响灾害的传播速度和范围。

因此，在平衡城市群关联性的利弊方面，需要加强城市群内城市之间的合作，科学规划城市群的发展，加强基础设施建设和增强城市群的可持续发展，从而提高城市群的抗灾能力，减轻灾害对城市群的影响：①建立协作机制，城市群中不同城市之间建立协作机制，制订应对灾害的协作方案，统一行动，优化力量配置，避免资源浪费和重复劳动，从而提高应对灾害的效率（季小妹 等，2023；锁利铭 等，2018）。②分散城市群内的人口和物资，城市群中城市之间人口和物资的流动性较大，因此在城市规划和发展中，可以通过分散人口和物资，降低城市群内的灾害风险，减轻灾害给城市群带来的冲击。③加强基础设施建设，城市群中的基础设施建设对应对灾害具有重要作用，可以加强城市群内的灾害预警、紧急救援和恢复工作，从而缓解灾害对城市群造成的影响（毕玮 等，2021）。④积极推进城市群的可持续发展，城市群的可持续发展是减轻灾害影响的长远之计，包括加强生态保护、优化产业结构、推进能源转型等措施，从根源上降低灾害的发生概率和影响程度。

1.1.3 城市群韧性的理论研究和实践探索

在理论研究方面，Christopherson 等（2010）指出以往研究中关于时间和空间两个维度的差异化认知会直接影响对区域韧性的理解。时间方法流派将时间作为标识冲击前、冲击时和冲击后的刻度，而将区域视为与其他区域冲突且仅在自身范围内运行的"容器"，具有空间片面性；空间方法流派则从动态过程理解区域韧性，认为区域空间的表现是人类活动和社会关系运行的结果，是不断变化的过程。Christopherson 提到在理解区域韧性概念并对其进行定义时无法规避潜在却至关重要的一个问题：区域系统冲击背后的原因该如何理解？即如何解释区域危机事件成为塑造区域适应性和韧性的关键。该研究认为成功的区域韧性理应包含以下功能：①强大的区域创新体系；②创造并强化"学习型区域"理念；③现代化的生产性基础设施，包括交通系统、互联网宽带等；④具备技能熟练、富有创造力和企业精神的劳动力；⑤能够为病人提供医疗保障的支持性金融系统；⑥不过分依赖单一产业的多元化经济基础（Christopherson et al.，2010）。Hudson（2010）从韧性区域的内涵出发，基于社会经济维度和生态维度两方面提出构建区域韧性的构想。在社会经济方面，首先对最近流行的新自由主义模型进行了批判性讨论，该模型易受各种外部原因的冲击和扰动的影响，例如货币波动、出口市场和燃料成本等；为应对这些脆弱性影响，需要调整监管和治理结构，推动区域经济结构向更加多元化的方向发展，并增强区域经济的内在稳定性。在生态尺度方面，提倡区域的物质循环封闭和重组过程，通过转向可再生能源，增加再利用和回收利用等措施实现材料的有效利用，减少经济活动的二氧化碳痕迹，意识到经济必然涉及物质流动，转型和影响的重要性。这些变化对生产方式、贸易流和消费模式的重组具有显著的影响。Simmie 等（2010）认为区域经济韧性不属于源于工程领域"单一均衡"[图 1.1（a）]的范畴，选择基于生态韧性视角审视区域经济韧性并强调其"多重均衡"的特征。即系统在受到冲击后可能会呈现出多元化响应。其一是消化冲击并定于原有状态；其二是无法及时调整并逐渐衰弱；其三是适时进行系统重组进而相较于原有状态产生质的提升[图 1.1（b）～（d）]。

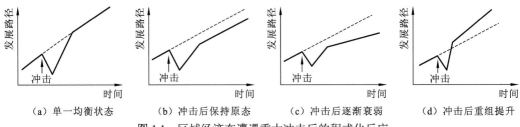

（a）单一均衡状态　　　（b）冲击后保持原态　　　（c）冲击后逐渐衰弱　　　（d）冲击后重组提升

图 1.1　区域经济在遭遇重大冲击后的程式化反应

此外，部分学者还对区域韧性评估即如何量化界定区域是否具有韧性能力进行了尝试性探索。钟琪等（2010）提出了基于态势管理的区域韧性评估模型（图 1.2）。具体而言，从态势管理的内部基准面、外部基准面和时间基准面构建区域韧性评估体系，内部基准面反映的是区域内部消化吸收外界冲击的防御抵抗力，外部基准面表征的是区域遭受灾害后对新状态的适应力，即创新力，时间基准面被定义为区域恢复至正常状态的能力，即恢复力。由此发现抵抗力、恢复力和创新力是区域韧性的内在属性，并根据三方面属性筛选相应的健康水平、生活环境、失业率、文化竞争力等具体评估指标，最终以10 个城市的数据进行实证分析。结果表明，人均收入、应急通路、应急保障、社会制度因素对区域韧性能力的提升具有显著影响。张岩等（2012）基于数据包络分析（data envelopment analysis，DEA）理论构建区域韧性评估模型以评估突发事件对区域经济和社会稳定带来的严重损害。借助数据包络分析方法，测度我国 31 个省份的区域韧性指数，并指出单纯的经济增长与区域韧性优化并非呈正相关关系，经济结构和经济发展方式转变，科技研发创新和生态资源保护，是提高区域韧性的有效措施。

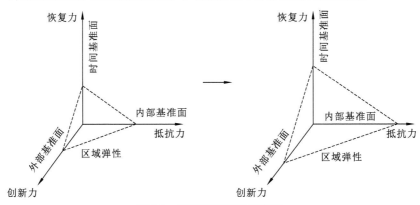

图 1.2　区域韧性变迁示意图

从城市空间结构来看，陈世栋等（2017）在城市生态圈层研究中进行了深入探索，将城市空间结构分为核心、过渡和外围三个圈层，并结合城市韧性框架，探讨了生态韧性演进策略机制的内涵和实践路径。这一研究理念不仅适用于单一城市的空间结构分析，同时也具备潜力在更广泛的城市群环境下进行应用。与此同时，彭翀等（2018）对长江中游城市群的韧性进行了综合性评估。通过综合考虑经济、交通、信息等多个方面的因素，并借助社会网络分析工具，全面评估了城市群的网络韧性能力。该研究不仅在方法上具备创新性，而且在城市群韧性评估领域中具有较高的代表性。

从政策角度来看，一些学者在阐释城市群区域韧性理念上具有一定新颖性。金磊（2017）在深入分析国际上多个关于韧性城市建设的成功案例后，提出了"韧性京津冀"这一全新的概念。这一概念深刻地结合了京津冀区域一体化的大背景，融入了先进的综合防灾和减灾的理念，旨在为京津冀地区的可持续发展和灾害管理提供一种全面且创新的策略。此外，崔翀等（2017）将韧性城市的系统理论与流域空间治理的实践需求进行了巧妙的结合，提出了一个创新的管理框架。这一框架以产业发展、经济增长、空间规划及社会治理为四大核心支柱，通过引入适应性管理手段，为流域内的灾害与风险提供了一种灵活且有效的应对策略。这种方法不仅增强了区域的韧性能力，也为流域治理提供了新的思路和方向。

从研究领域来看，城市群韧性研究涉及交通、经济、政策等多方面。陈梦远（2017）、曾冰等（2018）从经济韧性的视角出发，不仅系统性地审视了地区韧性的核心影响因素，还开创性地构建了相关的理论模型，将研究视野从传统的单一城市或省份级别，扩展到了更为宏观的城市群层面。这不仅提供了对经济韧性复杂性的深入洞察，更促进了对如何构建更加韧性的区域经济体的理论和实践探索。

在空间实践方面，联合国开发署和减灾署分别于 2010 年和 2012 年发布了阿拉伯气候韧性倡议（Arab Climate Resilience Initiative，ACRI）和应对气候变化的亚洲城市网络（Asian Cities Climate Change Resilience Network，ACCCRN）；欧美规划学院协会（Association of European Schools of Planning，AESOP）、国际中国城市规划学会年会等都将"韧性""韧性城市和韧性区域"作为主题展开研讨。关于区域韧性相关的空间规划近年来逐渐兴起，其中具有代表性的是以美国伯克利大学为首，众多大学和研究机构共同成立的构建韧性区域研究网络（Building Resilient Regions Research Network）组织，该组织基于定性定量手段评估美国多个都市区的韧性能力，并将关注点锁定在韧性理念与区域经济恢复、政府治理、社会矛盾、工程建设等方面内容的有效结合上。

从国外城市群韧性的实践探索来看，美国西海岸城市群包括洛杉矶（王江波 等，2020a）、旧金山（王江波 等，2021）、西雅图（王江波 等，2020b）等城市，面临地震、海啸、山火等多种自然灾害的威胁，为了提高城市群的韧性，政府发起了"西海岸联合风险降低计划"，通过开展自然灾害风险评估、改善危害性基础设施、建立灾后响应机制等措施，提高了城市群的韧性和应对自然灾害的能力。英国南部城市群包括伦敦（苗婷婷 等，2023）、南安普敦、朴次茅斯等城市，是英国最大的经济和人口聚集地之一，该城市群在应对气候变化和洪水等挑战方面采取了多种措施，如建设防洪堤、改善排水系统、加强城市绿化等，同时还将可持续发展纳入城市群规划和政策制定的核心内容。日本东京湾城市群是日本最大的城市群之一，常面临台风、洪水、地震等多种自然灾害的威胁，为了提高城市群的韧性，政府采取多种措施，如提高自然灾害预警的效果、推行地震防灾演练、实施复兴复位计划等（苗婷婷 等，2023；张垒，2017）。

从国内城市群韧性的实践探索来看，成渝城市群地处于中国内陆地区，对交通、物流的依赖性较高，当地政府采取了多项措施，如提升城市供水及电力设施的容量，加强城市基础设施建设，促进产业创新，打造高品质的新型城市群。京津冀城市群是中国最具代表性的城市群之一，为了提高城市群的韧性，政府提出了一系列的政策措施，如推进新能源汽车、推广绿色建筑、加强城市合作等，同时，政府还积极推进交通网络的建设和改造，完善了整个城市群的交通体系。

1.2　城市群韧性的理论框架

城市群韧性的核心理论可以从其本体理论与认识理论两大部分进行理论体系构建（图1.3）。

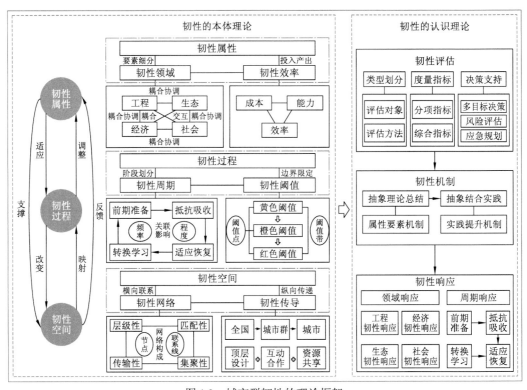

图1.3　城市群韧性的理论框架

韧性的本体理论从韧性属性、韧性过程、韧性空间的逻辑进行组织。①韧性属性包含韧性领域与韧性效率。其中，韧性领域主要由工程韧性、经济韧性、生态韧性和社会韧性四个子系统组成，多个子系统所构成的综合能力通常被视为城市群韧性能力；韧性效率则是在韧性能力的基础上将资源消耗纳入考虑，关注韧性的"投入—产出"问题，即综合考量韧性的"成本—能力—效率"。②韧性过程是从时空视角探索城市群韧性演化，通常包括韧性周期与韧性阈值两个重点，韧性周期表现为前期准备—抵抗吸收—适应恢复—转换学习四个阶段，当城市群承受灾害的程度处于韧性阈值点以下或阈值带以内，城市群系统能够正常经历完整的韧性周期，而超出此范围时，城市群系统则会崩溃，难以恢复到原始状态。③韧性空间将韧性属性与空间特征结合考虑，包含韧性网络与韧性传导两方面。城市群内的城市之间联系紧密，根据结构、功能、层次的不同形成了多结构、多类型、多层级的韧性网络，韧性网络由节点城市与城市之间的联系线构成，具有层级性、匹配性、传输性、集聚性等特点；城市群的空间特性决定了韧性具有传导性，全国、城市群、城市各层级的韧性相互依存、互为支撑。

韧性的认识理论从韧性评估、韧性机制、韧性响应的思路进行构建。①韧性评估是将理论转变为实践的必要过程。韧性评估主要包括类型划分、度量指标和决策支持。从评估对象来看，韧性评估可以分为单一维度评估和综合评估；从评估方法来看，韧性评估可以分为定性评估、定量评估和模拟模型评估。不同类型的评估方法可以根据具体情况选择使用，也可以相互结合和补充，以获取全面、准确和有价值的评估结果。②韧性机制主要从属性要素和实践提升两方面进行解析。③韧性响应是城市群韧性的具体表现，不仅体现在工程、经济、生态、社会等多维领域，也在韧性周期的不同阶段具有不同特征。

第 2 章　城市群韧性核心理论

2.1　韧性的本体理论

2.1.1　韧性属性

1. 韧性领域

1）工程韧性

城市群工程韧性是指城市群在经历自然灾害、人为事故等不可预期突发事件时，维持城市群基础设施正常运转和社会秩序稳定的能力。面对外来破坏时，城市群工程系统的机能变化可以分为三个阶段，即灾害防御、灾害吸收和系统恢复（李亚 等，2016）。城市群工程韧性包括抗灾韧性、修复韧性和适应韧性三方面的能力。抗灾韧性是指城市群基础设施应具有一定强度和稳定性，能够承受自然灾害等不可预期事件的冲击，避免基础设施瘫痪，从而保障城市群正常的运转（马丹娅 等，2021）；修复韧性是指城市群基础设施应具有快速修复能力，在灾后能够迅速恢复正常运行，例如，恢复电力供应、水资源管理、交通运输等基础设施的功能（颜克胜 等，2021）；适应韧性是指城市群基础设施应能够适应新的环境，通过转型升级，增强城市群工业结构和产业布局的韧性，减少自身对环境的依赖，提高自身的可持续发展能力（翟炜 等，2022）。城市群工程韧性不仅是在自然灾害等不可预期事件中应对突发情况的应急措施，更是城市群长期发展的必要条件之一，是提高城市群整体竞争力和可持续发展能力的重要指标。

2）经济韧性

城市群经济韧性是指城市群在面对外部挑战、经济下滑等不可预期突发事件时，保持稳定的经济增长和提高适应能力的能力（冯苑 等，2020；曾冰 等，2018）。城市群经济韧性主要受抗压能力、适应能力、技术创新能力、战略协调能力等方面的影响。抗压能力是指城市群应有足够的弹性和抗风险能力，能够在遭受外部冲击时迅速反应，减少损失并迅速恢复（余南平 等，2010）；适应能力是指城市群应具备面临不同经济环境的调整和适应能力，灵活应对市场动荡、自然灾害等扰动，并积极转型升级（汤临佳 等，2012；欧阳峣 等，2010）；技术创新能力是指城市群应不断推进技术创新，加大科技人才引进，增强自身的创新竞争力，提高产业的核心竞争力和附加值（刘跃 等，2016；欧阳峣 等，2010）；战略协调能力是指城市群应充分发挥区域联动效应，进行跨领域、跨区域的合作与协调，形成城际合作网络，整合优势资源，提高经济协作的效果和质量，避免过于依赖单个城市的经济体系（檀菲菲 等，2014；覃成林 等，2013）。因此，城市群经济韧性不仅是在自然灾害等不可预期事件中应对突发情况的应急措施，更是长期保持城市群竞争力和可持续发展的重要保障。城市群的经济增长受到多方面因素的影响，包括产业布局、类型及其执行策略等，同时也深受政策规划和管理决策的影响。在此背景下，社会、政策和管理领域中存在的发展薄弱环节可能会限制城市群经济的适应和恢复能力（袁敏航，2017）。

3）生态韧性

城市群生态韧性是指城市群在面临环境变化、自然灾害等外部压力时，能够保持生态环境的平衡和稳定，而不受过度破坏、崩塌等影响的能力（万统帅 等，2021）。城市群生态韧性主要包括以下几个方面：生态适应能力，城市群能够及时察觉并适应生态环境的变化，提高自身抵抗力（李嘉艺 等，2021）；生态修复能力，城市群及时采取措施，使生态环境得到恢复和改善，避免破坏过度和不可逆；环保技术能力，城市群不断提高环保技术水平，进行环保科技创新和环保装备的更新换代，以保证环境保护和可持续发展；生态协调能力，城市群应充分发挥区域间协调性，及时妥善处理区域之间的生态问题，跨辖区、跨部门及时沟通衔接，目的是以协作的方式解决共性生态问题，提高生态环境的整体效果（金太军 等，2011；宋建波 等，2010）。城市群生态韧性的提升需要注重环境管理的有效实施，加强生态文明建设，推动经济社会的可持续发展，保障城市群在面临自然灾害和环境变化时不至于过度受损。

4）社会韧性

城市群社会韧性是指城市群在面临各种社会变化、危机和突发事件等外部压力时，能够保持社会秩序和稳定，而不至于出现社会破坏和动荡的能力（赵方杜 等，2018）。城市群社会韧性包括抵抗能力、适应能力、恢复能力和协调能力四方面。抵抗能力是指城市群能够及时察觉并适应社会环境的变化，提高自身抵抗力；适应能力是指城市群在应对各种社会危机和突发事件时，能够采取相应的措施和行动，避免社会出现动荡和破坏的能力（唐皇凤 等，2019）；恢复能力是指城市群能够在面临社会危机和灾难时，及时恢复社会秩序和稳定（赵方杜 等，2018）；协调能力是指城市群应充分发挥区域间协调性，及时妥善处理区域之间的社会问题，跨行政区划和行业协调沟通衔接，以协作的方式解决共性社会问题，提高社会治理的整体效果（陈小卉 等，2017；姬兆亮 等，2013）。因此，城市群社会韧性的提升需要注重社会管理的有效实施，加强政府的领导和组织能力，推动社会发展和稳定，保障城市群在面临各种社会危机和突发事件时稳定运行。

2. 韧性效率

从投入产出的角度看，城市群的韧性效率是衡量城市群面对挑战时，如何利用有限资源（投入）以最大化其恢复和维持关键功能的能力（产出）的指标。它关注的是资源使用的优化与效能，确保在面临自然灾害、经济波动或其他干扰时，城市群能够有效地回应和适应，以保持或快速恢复其社会经济活动的正常运行（彭翀 等，2021；胡定军，2013）。具体来说，城市群的韧性效率可被视为纯技术效率（pure technical efficiency，PTE）

和规模效率（scale efficiency，SE）两个要素的融合体（彭翀 等，2021）。PTE 描述城市群在利用韧性成本要素资源时的配置和利用水平状况，它衡量了城市群在相同资源投入下能够获得的韧性能力产出（刘炳胜 等，2019；何新安 等，2009）。SE 则关注城市群韧性规模集聚水平，它反映了城市群在韧性成本要素资源的规模利用上是否达到了最佳状态，即是否实现了最大的韧性能力产出（辛伯雄 等，2023；刘炳胜 等，2019）。

通过评估城市群韧性效率，可以了解城市群在韧性成本和韧性能力之间的关系。高韧性效率的城市群表示在相同资源投入下能够实现较高的韧性能力产出，即资源利用效率较高；而低韧性效率则可能表明资源利用不充分或存在浪费。研究城市群韧性效率可以帮助识别和优化资源利用情况，包括能源（魏楚 等，2007）、水资源（钱文婧 等，2011）、土地（张荣天 等，2015）等，通过提高资源利用效率，可以减少资源浪费和环境污染，推动城市群实现可持续发展；了解城市群如何优化经济结构、提高生产效率和创新能力，实现经济的持续增长和竞争力提升，有助于制定有效的政策和措施，推动经济发展与韧性的有效融合；理解城市群如何采取可持续的发展模式，减少环境污染和生态破坏，保护和提高环境质量，通过生态建设和环境管理，提高城市群的环境韧性，实现环境效益与韧性的协同增强（王鹏 等，2022；孙才志 等，2020）。

提升城市群韧性效率对增强城市群的应对能力、促进经济发展、提升居民的生活品质和福祉，以及实现可持续发展具有重要的意义和作用。通过优化资源配置和利用、加强技术创新和管理能力，可以不断提高城市群的韧性效率，提升城市群的整体竞争力和可持续发展能力。

1）韧性效率的主要组成

（1）韧性成本

城市群韧性成本是指为提高城市群的韧性而需要投入的资源和费用。在实现城市群的韧性发展过程中，为增强城市群的抵御力和应对能力，需要进行一系列的投入和行动，这些投入和行动所涉及的资源和费用即为城市群韧性成本（彭翀 等，2021）。

城市群韧性成本主要包括以下几个方面（张慧萍 等，2022；孙才志 等，2020；吴宇彤 等，2018）：①经济成本，城市群为提升韧性水平需要经济投资，如设施投资、能源投资、科创投资等；②资源成本，城市群需要各种资源投入维持城市群的正常运行，如水资源、能源、电力资源、人力资源、教育资源等；③工程成本，城市群需要建设和完善各种基础设施，如道路、排水系统、通信网络等；④环境成本，各项建设活动会产生废水、废气、废弃物等，为实现城市群的可持续发展，需要进行绿色发展和可持续投资，包括推广清洁能源、提高环境质量、推进循环经济等方面的投入。

（2）韧性能力

城市群韧性能力是指城市群在面对各种挑战和压力时，能够快速适应和恢复，并保持稳定发展的能力。它是评估城市群的抵御力、适应力和恢复力的指标（彭翀 等，2021；师钰，2020）。

城市群韧性能力从韧性特征展开，主要体现在以下几个方面：①抵抗能力，韧性能力强的城市群能够有效抵御来自自然灾害、经济危机、环境变化等各种外部风险和冲击，能够降低潜在风险的影响，减少灾害和损失，并在面临困难和挑战时保持相对的稳定性（李连刚 等，2019）。②适应能力，韧性能力强的城市群能够迅速调整并适应变化的环境和条件，能够灵活变通，找到应对策略，并及时调整资源配置和决策，以适应不断变化的市场、环境和社会需求（陈碧琳 等，2023）。③恢复能力，韧性能力强的城市群在遭受外部冲击和灾害后，能够快速恢复并重建，能够迅速组织资源和人力，实施恢复和复原计划，并恢复正常的社会经济秩序和生活环境（吴波鸿 等，2018）。④关联能力，韧性能力强的城市群能够积极展开合作与协调，与其他城市群和利益相关方建立良好的合作关系，能够跨界合作、资源共享，形成合力，共同应对挑战和风险（贺山峰 等，2022）。

提升城市群韧性能力对实现城市群的可持续发展至关重要。它有助于降低城市群面临的风险和压力，提高城市群的竞争力和可持续性，促进城市群的经济、社会和环境的可持续发展。同时，强大的城市群韧性能力也有助于提高城市群的吸引力和影响力，吸引投资、人才和创新资源，推动城市群的发展壮大。

（3）韧性效率

城市群韧性效率是指城市群在提高韧性能力的同时，能够以高效率运作和管理，实现经济、社会和环境的可持续发展。城市群韧性效率将城市群的韧性与其资源利用效率和成本效益相结合（彭翀 等，2021）。

城市群韧性效率主要体现在以下几个方面：①资源效率，城市群韧性效率要求在提高韧性能力的同时，合理利用资源。城市群应当优化资源配置、提高资源（包括能源、水资源、土地利用等）的利用效率（白帅，2023；纪薇，2023；张慧萍 等，2022）。通过采用节能、减排、循环经济等策略，实现资源的最佳利用，减少资源浪费和环境影响。②经济效率，城市群韧性效率追求经济发展与韧性的有效结合。城市群应当以经济效益为导向，通过提高生产效率、创新能力和产业结构调整，实现经济的持续增长和竞争力提升。韧性发展需要在经济可持续性和抵御外部冲击之间找到平衡点（李世杰，2023；吴富强 等，2022）。③社会效率，城市群韧性效率要求城市群能够为居民提供良好的生活环境和公共服务。城市群应关注社会公平、社会包容性和社会安全，提供良好的教育、医疗、住房等基本公共服务（韩珊，2023；郑军 等，2014）。通过社会合作和社区参与，提高居民的融入感和满意度。④环境效率，城市群韧性效率还要求城市群能够保护和提高环境质量，实现可持续发展。城市群应采取可持续的发展模式，减少污染物排放、促进生态保护和修复，提高生态系统的韧性（何继新 等，2023；付丽娜 等，2013）。通过生态建设和环境管理，实现生态效益与韧性的双赢。

2）韧性效率的指标体系

目前，对韧性效率评估的研究正在逐步深入，关注点主要集中在如何量化和评价一个系统在面对外部冲击和压力时的恢复能力和适应性。研究涉及多个领域，包括城市规划、生态系统管理、企业风险管理等，研究者正尝试开发出更为精确和实用的评估工具和模型（常新锋 等，2020；罗谷松 等，2019；周亮 等，2019；金贵 等，2018；狄乾斌 等，2017；任宇飞 等，2017）。这些研究主要集中于开发和完善效率评估的指标体系、选择合适的定量评估技术，以及探究效率在不同地理空间中的分布和变化模式（彭翀 等，2021）。

通过对相关文献的整理（表 2.1），当前，资源成本投入的指标主要聚焦于能源（如电力消耗）、水、土地、资金以及劳动力等关键领域。在评价方法方面，通常采用数据包络分析（DEA）模型、超效率的松弛度量（slack-based measure，SBM）模型和随机前沿分析（stochastic frontier analysis，SFA）模型等来进行效率分析（彭翀 等，2021）。DEA 技术的一个显著优势是无须预设评价对象的最佳行为目标或对生产过程做出严格假设，而能够对复杂的输入输出关系进行有效评价（宋涛 等，2016）。不过，DEA 模型在实际应用中可能会忽略输入输出比例的变动性，针对这一点可通过引入 SBM 模型进行改善，该模型通过考虑非径向和非角度测量误差，提供了一种更为精确反映实际效率的方法。对于城市群韧性效率的研究，可以借鉴不同的方法和指标，并进一步探讨如何提高评估的准确性和可操作性，以促进城市韧性发展的可持续性。

表 2.1　韧性相关领域效率评估的模型方法及投入指标总结

来源文献	研究区域	评估领域	模型方法	一级投入指标	二级投入指标
罗谷松等（2019）	中国省域	土地利用效率	SBM 模型	资本、劳动、能源	地均资本存量、地均二三产业从业人员、地均能源消费量
金贵等（2018）	长江经济带地级市	土地利用效率	SFA 模型	资本、劳动力、土地	城市建设用地、财政支出、资本存量、非农从业人口
周亮等（2019）	中国地级市	绿色发展效率	SBM 模型、泰尔指数、空间马尔可夫链	资本、劳动力、技术、资源	全社会固定资产投资、年末单位从业人数、各地专利申请授权数量、供水总量、城市建成区面积、全社会用电量、人工和天然气供气量、液化气供应量
任宇飞等（2017）	中国东部沿海四大城市群	生态效率	SBM 模型、TOPSIS 模型	资本、自然、人力、能源	全社会固定资产投资总值、实际利用外资值、城市建成区面积、用水总量、从业人员总数、能源消耗量
常新锋等（2020）	长三角城市群	生态效率	SFA 模型、熵权 TOPSIS 模型	资本、劳动力、环境	固定资产投资、期末就业人数、环境消耗量
狄乾斌等（2017）	中国东部沿海地区地级市	城市发展效率	SBM 模型	资本、土地、水资源、能源、劳动力、科技信息化	固定资本存量、城市建设用地面积、供水总量、全社会用电量、单位从业人员、固定电话用户、移动电话用户、互联网用户、政府科技支出、经济效益产出

注：TOPSIS 为逼近理想解排序法（technique for order preference by similarity to ideal solution）

2.1.2　韧性空间

1. 韧性网络

城市群韧性网络是指城市群内部各城市之间相互联系、相互依存、相互支撑的网络系统，这些联系包括交通、通信、能源等，城市群在联系中实现资源的共享和优化利用，从而提高城市群的韧性和适应性，在面对外部冲击和内部变化时，能够保持稳定、快速适应和恢复发展的能力（赖建波 等，2023；彭翀 等，2018）。城市群韧性网络包括基础设施、社会组织、信息通信、经济、生态环境等多个方面的要素（魏冶 等，2020），这些要素之间相互交织、相互影响，形成了一个复杂的系统。城市群韧性网络的强弱程度与城市群的可持续发展密切相关，是城市群发展的重要保障。

1）韧性网络的要素构成

网络由节点与节点间的连线构成，节点和连线是网络的两个基本要素（李志刚，2007）。城市网络是节点城市之间基于血缘、地缘、业缘等，以经济流、信息流、交通流以及其他要素流动为联系介质形成联系线，并进而紧密交织构建在一定区域内的城市群体，是城市和区域间的联系在全球城市体系不断发展和重塑背景下形成的不同空间尺度下的区域空间组织（Turok et al.，2004；Batten，1995；Camagni et al.，1993）。

（1）节点

城市群韧性网络的节点是指城市群内的各个城市在网络中的节点，它们通过各种网络连接方式相互联系，形成一个复杂的网络结构（朱顺娟 等，2010）。这些节点在城市群韧性网络中不仅承担着传输和交换信息的功能，还承担着城市群内资源的共享、协调、整合等重要功能，因此节点的韧性和稳定性对城市群的发展和运行至关重要。

按照节点城市在城市群网络中的连接情况，可以划分为连接节点和潜在节点（迟阔，2021）。其中，连接节点城市是指连接不同区域或城市的节点，其失效将会影响该节点所连接的区域或城市；潜在节点是指在城市群韧性网络中尚未发挥作用，但具有潜在作用的节点，其失效将会对未来网络发展造成一定影响。

按照城市在城市群网络中的重要性和功能，节点可以划分为核心节点、重要节点和一般节点（朱顺娟 等，2010）。核心节点城市是城市群中的中心城市，具有较强的经济地位、产业发展、交通枢纽和社会文化等方面的优势，核心节点城市对城市群的韧性影响较大，因为它们通常是城市群的中心，有着重要的经济、政治和文化地位，一旦发生重大事件，其影响将传递到整个城市群。重要节点城市则是城市群中的重要组成部分，具有一定的经济地位、产业发展、交通枢纽和社会文化等方面的优势，重要节点城市也对城市群的韧性有重要影响，因为它们在城市群中是重要的区域性中心，具有较高的经济和文化活动水平，一旦发生重大事件，其影响将会局限于该城市及其周边地区，但仍然会对整个城市群的韧性产生一定影响。一般节点城市则是城市群中的一般城市，具有一定的经济实力和发展潜力，但相对于核心节点城市和重要节点城市存在一定的差距，一般节点城市在城市群韧性中的作用相对较小，因为它们的经济、政治和文化地位相对较低，一旦发生重大事件，其影响通常只会局限于该城市本身，对整个城市群的韧性影响较小，但这些城市也是城市群中的重要组成部分，对城市群的发展和稳定起到了一定的作用。

（2）联系线

城市群韧性网络的联系线是指连接城市群内各个城市之间的交通、经济、通信、能源等基础设施的线路和网络（韦胜 等，2023；石敏俊 等，2022；叶磊 等，2015）。这些联系线构成了城市群内各个城市之间的紧密关系，是城市群内部交流、合作和发展的基础。同时，这些联系线也是城市群面对自然灾害、突发事件等危机时保持韧性的重要保障，这是因为它们能够快速地传递信息、资源和援助，帮助城市群尽快恢复正常运转。

联系线按照其性质和作用，可以划分为交通流、能源流、信息流、经济流、产业流、生态流。其中，交通流是指城市群内不同城市之间的道路、铁路、航空等交通运输线路，其作用是连接不同地方，促进城市群内的物流和人流。城市群内的交通流规模庞大，具有一定的风险性，例如道路拥堵、交通事故等都可能对城市群内的交通流造成影响（陈伟 等，2015；陈伟劲 等，2013）。能源流是指城市群内不同城市之间的电力、燃气、水资源等能源输送线路，其作用是保障城市群内的能源供应和分配（王兰体 等，2016；王宜强 等，2014）。信息流是指城市群内不同城市之间的通信、互联网、数据中心等信息传输线路，其作用是促进城市群内的信息交流和共享（张宏乔，2019；王启轩 等，2018）。经济流是指城市群内不同城市之间的人员、货物和资金等经济要素的流动，这些要素通过道路、铁路、航空和水运等交通线路进行传输，其作用是促进城市群内贸易活动的发展，推动经济的增长和增加就业的机会（冷炳荣 等，2011）。产业流是指城市群内不同城市之间的产业链、产业集群等产业连接线路，其作用是促进城市群内的产业协同和发展，具有协同性、互补性、依赖性等特点（吴康，2015）。生态流是指城市群内不同城市或区域之间的生态廊道、生态保护区等生态连接线路，其作用是保护城市群内的生态环境和生态资源（杨桂山 等，2015）。

按照联系强度差异，联系线可以划分为高度联系线、中度联系线和低度联系线（焦利民 等，2017；方创琳 等，2008）。高度联系线指连接城市群核心区域的高速公路、高速铁路、航空线路等交通线路，以及连接城市群重要产业园区、科技园区等区域的高速公路、高速铁路、城际铁路等交通线路。这些联系线具有较高的联系强度，对城市群的联系和发展起着至关重要的作用。中度联系线指连接城市群中等规模城市及其周边地区的高速公路、普通公路、铁路等交通线路，以及连接城市群中等规模城市的产业园区、商贸中心等区域的道路、铁路等交通线路。这些联系线虽然联系强度不如强联系线，但是对城市群的联系和发展也具有重要的作用。低度联系线指连接城市群较小城市及其周边地区的普通公路、乡村道路等交通线路，以及连接城市群较小城市的产业园区、商贸中心等区域的道路等交通线路。这些联系线联系强度较低，虽然对城市群的联系和发展影响较小，但也是城市群韧性网络中不可或缺的一部分。

2）韧性网络的属性特征

（1）网络层级性

层级性主要表征城市网络容纳节点城市的等级的容量。层级性较高的网络的核心城市地位突出，这些核心城市往往作为网络中各类要素流动的集散点存在，与其他节点有着大量资金、科技、知识、文化上的联系，通常引导整个区域网络形成以这些核心城市群体为主的中心式结构。这样的网络结构一方面能够提高整个网络的凝聚力和竞争力，对系统外干扰具有一定程度的"鲁棒性"（robustness），另一方面也将导致非核心城市对核心城市产生显著的路径依赖（path dependence），一旦核心城市由于功能障碍或外部袭击而瘫痪，那么之前与之存在密集联系的其他节点会因此被割裂，严重影响网络的要素流动，网络的"脆弱性"也因此加剧。反之，城市群网络层级性低意味着网络中的城市之间地位相近、互联互通性强，网络内部的资源和信息流动更加顺畅，各城市间的合作与协调更加容易实现，有助于均衡发展和减少地区差距。此外，当网络面临外部干扰时，因为没有过于依赖单一的中心城市，所以以局部问题不太可能迅速影响整个网络，这提高了网络的整体韧性。然而，其缺点在于缺乏强有力的核心城市可能会导致整体竞争力和影响力不足，难以在全球范围内形成有力的竞争优势，同时，对大规模的资源整合和方向引导能力也会相对较弱（石宇，2022；彭翀 等，2018）。

（2）网络匹配性

匹配性是对网络中节点之间相关性（correlation）的描述。网络匹配性可以理解为，若城市群网络中某城市倾向于与其等级地位相当的城市抱团发展，那么称该网络是同配的；若城市间联系跨越层次等级、文化背景、经济差异而存在，则称该网络是异配的。核心城市间的频繁交流、边缘城市间的集团发展是同配性主导网络中的两种形态，这种规模相近城市间的频繁交流和紧密联系在带来区域功能集团化现象的同时，也意味着城市间联系路径的固化，这将使创新活动和新信息渗入的发生概率大大降低，一旦外界环境发生变化，同配网络极有可能会因偏好依附丧失对系统变化的适应能力，难以凭借滞后的变革更新阻止其日渐衰弱，区域风险上升。相反，异配网络中城市间的联系往往因互补性活动跨越层次等级、文化背景、经济差异而存在，核心城市与边缘城市打破了局限于各自分散式团体的联系困境，更有利于网络走向异质化和开放化，提高网络整体的韧性能力。

（3）网络传输性

传输性表征网络中知识、信息、资本等各类"流"的通达效率。在城市网络中，高效率的传输表明城市之间具备发生联系的基础条件，产业、信息和创新合作等活动所花费的费用较少，资金、信息、技术能够快速到位并激发潜在的知识创新活动、成熟经验传播、网络连接重组等现象的发生。这些成为危机发生时网络整体得以适应和恢复发展活力的屏障。然而，若网络的路径相对较长，"流"从起始城市扩散到目的城市需要辗转多个节点城市并历经漫长的路径，那么网络成员对外界干扰所做出的响应显然会更为滞后和迟钝，导致韧性明显不足（周云龙，2013）。

以设施网络为例，其韧性在传输性方面体现为具备高效的人群和货物传输能力，不仅支持人群的各类出行需求，还需支持物流和供应链的顺畅运行，确保货物能够及时准确地从生产地运送到销售地。传输性进一步体现为网络路径的多样性，通过向使用者提供不同的交通方式和路线，方便使用者在不同情况下选择最佳出行方案，以应对交通需求的多样化和突发事件的影响。传输性同时也体现了网络的灵活性和适应性，通过快速调整路线、增加交通工具、提供替代交通方案等灵活的措施，及时应对交通需求的变化和外部扰动等影响，提高交通网络的适应性和应变能力。

（4）网络集聚性

集聚性刻画的是网络的密集程度。从网络结构的角度来说，网络的聚集程度与网络结构韧性紧密相关。社会网络相关研究在围绕网络结构进行探究时主要聚焦于两种不同类型的网络：其一是联系紧密、互动频繁的封闭性结构；其二是联系稀疏、交往稀少的开放性结构。社会学家科尔曼指出，封闭性的社会网络结构主体间的关系紧密，会促使指示性规范的形成，进而使信任、期望和义务在网络主体间逐渐建立，是信任、集体行动、控制等根植性连接产生的推动力，往往会抑制创新、滋生种族歧视和集团控制等问题；而开放性的社会网络结构有利于信息的流动，为异质主体间的交流提供包容开放的环境，同时促进社会网络整合、创新活动的发生和边缘群体的融入等（Coleman，2008）。对于网络而言，第一，从资源整合的角度来说，聚集程度较高意味着网络联系稠密，资源整合的范围和效率可以得到迅速的流动和提高，而密度相对较低的网络则不具备资源整合优势。但是，当网络聚集达到一定的限度后，网络均质化现象严重，其资源整合效率将受到抑制。第二，从网络创新的角度来说，基于信任而紧密联系的高密度网络有利于面对面信息的共享，在提供创新发生的平台和提升创新发生的概率的同时，也使各个节点成员获取的信息具有重复性，导致对外界信息流入的排挤。第三，从网络开放的角度来说，对于一个聚集程度较高的网络而言，网络节点倾向于形成集团化结构，集团成员之间联系紧密、彼此信任，比如设施网络能够提供高效便捷的连接，有效支持城市和都市圈内的人口、产业和服务设施的集聚，促进城市的发展和经济活动。但这样的集团结构往往过度限制于本地网络中，可能因此诱发区域锁定效应和过度根植性现象（Burt，1982），最终导致结构封闭、网络僵化和韧性降低。而在一个聚集程度较低的稀疏网络中，网络结构相对开放，成员间的弱纽带联系为外界信息的流入提供了机会和载体，在外界环境变化剧烈的条件下更利于网络应对和消化冲击变化。

3）韧性网络的主要类型

（1）网络的结构分类

第一，根据网络的物理结构分类，城市群韧性网络可以分为两种类型，分别是空间网络和虚拟网络。空间网络是指城市群内部各个节点之间实际的物理联系（陈伟 等，2015；陈伟劲 等，2013）。这些物理联系包括城市之间的道路、铁路、水路等。例如，A城市通过铁路与B城市相连，B城市通过公路与C城市相连。这些联系使城市群形成了一个有机的网络，每个城市都是这个网络中的节点。虚拟网络则是指城市群内部各个节点之间的信息联系（张宏乔，2019；王启轩 等，2018）。这些信息联系包括城市之间的互联网、通信网络等。例如，A 城市的居民可以通过互联网与 B 城市的居民进行视频聊天。这些联系使城市群形成了一个虚拟的网络，在这个网络中，每个城市都是一个节点。

城市群韧性网络的设计和建设需要考虑两种网络的协同作用。空间网络为城市群提供了实际的连接，使得城市群成为一个有机的整体，虚拟网络为城市群提供了更加灵活和便捷的沟通方式，使得城市群成为一个更加开放和协作的整体。空间网络需要考虑城市的实际连接情况，如道路的通行能力、铁路的运输能力等，虚拟网络需要考虑城市的信息化程度、通信网络的带宽等。需要综合考虑城市群空间网络和虚拟网络的韧性，才能发挥城市群韧性网络的最佳效果。

第二，按照网络的管理结构分类，城市群韧性网络可以分为公共管理网络和私人管理网络两种类型。公共管理网络是指由政府或公共机构负责管理和维护的网络，这些网络通常是为了满足城市群的基础服务需求和公共利益而设立的（王兰体 等，2016；王宜强 等，2014）。公共管理网络涉及的领域广泛，包括交通网络、水利网络、电力网络、通信网络、医疗网络等。在城市群韧性中，公共管理网络发挥着重要的作用，不仅提供了城市群正常运转所必需的基础设施，也是城市群面对冲击事件时抵御和恢复的基石。政府在公共管理网络中扮演着监管、规划、建设和维护的角色，确保网络的正常运行和安全性。此外，政府还负责制定相关政策和法规，提供紧急救援和灾害应对的支持，帮助城市群提升韧性能力。私人管理网络则是由私人企业或组织负责管理和运营的网络（吴康，2015；冷炳荣 等，2011）。这些网络通常涉及商业活动和服务提供，如物流网络、供应链网络、商业网络等。私人管理网络的发展和运作对城市群的经济繁荣和社会稳定至关重要，私人企业和组织通过提供各种商品和服务，创造就业机会，推动创新和发展，为城市群的灾后恢复和重建作出重要的贡献。

公共管理网络和私人管理网络在城市群韧性中相互依存、相互影响。公共管理网络提供基础设施和公共服务，为私人管理网络的运作提供支持，私人管理网络则为城市群的经济发展和自我恢复能力作出贡献。政府与私人企业和组织之间的合作和协调，能够促进城市群韧性的提升，并有效应对各种冲击事件的挑战。因此，综合考虑并有效管理这两种类型的韧性网络对城市群的韧性能力的提升具有重要意义。

（2）网络的功能分类

按照网络的功能分类，城市群韧性网络可以分为交通网络、能源网络、信息网络等不同类型的网络（张宏乔，2019；王启轩 等，2018；王兰体 等，2016；陈伟 等，2015；王宜强 等，2014；陈伟劲 等，2013）。这些网络在城市群的韧性中扮演着不同的角色和发挥着不同的重要性。

交通网络是城市群的动脉和血管系统，包括道路、公共交通系统、铁路、航空等。交通网络的畅通与否直接影响人员和货物的流动，对城市群能否正常运转和灾后恢复至关重要。一旦交通网络受到冲击，城市群的供应链、紧急救援、人员疏散等重要活动都会受到严重影响。能源网络包括电力、天然气、石油等能源供应系统。能源的稳定供应对城市群的生活和生产至关重要。能源网络的韧性体现在保持供应的稳定性，以及在面对突发情况时能够迅速应对和恢复。能源网络的韧性强，能够减少能源短缺造成的影响，确保城市群的正常运转。信息网络包括互联网、通信网络等，是城市群信息交流和沟通的关键基础设施。信息网络在城市群韧性中的作用日益重要，它不仅承载着紧急通信和应急响应的功能，还是城市群智慧化、数字化发展的基石。信息网络的韧性能力表现在抗干扰、抗攻击、迅速恢复等方面，保障城市群信息流动和通信畅通。

不同类型的网络在城市群韧性中的作用和重要性不同，但彼此之间相互依存、相互影响，各种功能网络的联动与协调，能够提高城市群的整体韧性水平。此外，韧性网络的建设也需要综合考虑各类网络的相互配合，以适应和应对不同类型的冲击事件，提高城市群的抵御能力和灾后恢复能力。

（3）网络的层次分类

按照网络的层次分类，城市群的韧性网络可以分为城市群总体韧性网络、城市间韧性网络和要素韧性网络三个层次。

城市群总体韧性网络是指整个城市群在面对冲击事件时的韧性能力（朱顺娟 等，2010）。它由各个城市和城市之间的相互关联和互动形成，包括城市群的交通网络、能源网络、信息网络、水利网络等多个要素网络之间的相互配合与协作。城市群总体韧性网络的强弱将直接影响城市群对冲击事件的抵御能力和恢复能力。城市间韧性网络是指城市群内各个城市之间的相互关系和联动形成的网络（魏冶 等，2020）。这种网络联系通常涉及城市间的交通、通信、商贸、人员流动等。城市间韧性网络的健康发展有助于城市之间的合作与支持，使得城市群能够共同面对冲击事件的挑战，并以更加协同的方式应对和恢复。要素韧性网络是指城市群中不同要素（如交通、能源、水资源、医疗、教育等）的韧性网络。每个要素网络都发挥着城市群运转和发展的特定作用，对城市群的韧性至关重要。要素韧性网络的健康与否将直接影响城市群对事件影响的抵御和恢复的能力，因此，对要素韧性网络的建设和提升具有重要意义。

这三个层次的韧性网络相互依赖、相互影响。城市间韧性网络和各要素韧性网络的健康与否，将影响城市群总体韧性网络的稳定性和强度。通过合理规划、协同发展和有效管理这些层次的韧性网络，城市群能够提高其整体韧性能力，具备更强的抵抗冲击和灾害应对的能力，实现可持续发展。

2. 韧性传导

1）韧性系统多层级传导模型

"扰沌"模型，又称为"Panarchy"模型，是由生态学家 Lance Gunderson 和 C.S. Holling 于 21 世纪初期提出的，用于描述生态系统和社会经济系统的动态交互和适应性循环。该模型基于系统理论和生态学的原则，提出了一个跨时空尺度、由多个层级构成的嵌套循环系统，用以模拟系统在遭遇扰动时的恢复力和适应能力（彭翀 等，2020；Gunderson et al.，2002）（图 2.1）。通过这种方式，"扰沌"模型揭示了系统如何在变化中保持连续性和可持续性，强调了小规模快速循环与大规模缓慢循环之间的相互作用是维持系统韧性和促进创新的关键。这个理论不仅在生态学领域产生了深远影响，也为理解和管理复杂社会经济系统提供了新的视角。尽管来自不同领域的系统，如自然系统、社会系统、经济系统等，具有不同的特征和规模，但通过"扰沌"模型的引入，我们能够更好地理解和描述系统在面对外部冲击时的自适应能力和应对策略。

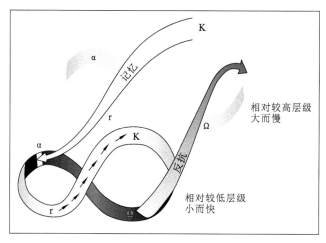

图 2.1　扰沌模型示意图

资料来源：Gunderson 等（2002）

适应性循环（adaptive cycle）是一个理论模型，用于描述生态系统、社会系统或社会-生态系统如何通过时间发展和变化，体现了系统如何在稳定性和灵活性之间寻找平衡，包含四个主要阶段（彭翀 等，2020）。①成长/开发阶段（growth or exploitation，r）。在这个阶段，系统资源的获取和积累是主要的活动。环境条件允许快速地成长和扩展，系统中的元素（无论是生物的还是社会的）都在寻求机会和利用资源以最大化增长。该阶段特征是效率和优化，通常伴随着竞争的增加和多样性的降低。②守恒阶段（conservation，K）。经过初期的快速成长后，系统进入一个更为稳定和成熟的阶段，这个阶段的特点是资源的高度整合和系统结构的稳固。在守恒阶段，系统变得更加有序和连接紧密，但同时也变得更加脆弱，对外界干扰的抵抗力下降。③释放/创造性破坏阶段（release or creative destruction，Ω）。在这一阶段，系统经历了一系列的扰动，可能是由内部累积的压力或外部的变化引起的，导致系统结构的崩溃和资源的快速释放，它为系统提供了重新组织和再生的机会。④重组阶段（teorganization，α）。在这个阶段，系统中释放的资源被重新组合和利用，形成新的结构和功能。该过程通常伴随着创新性和多样性的升高，系统开始探索新的发展路径和适应性策略。重组阶段为系统提供了重新开始的机会，可能导致一个与之前完全不同的稳定状态。适应性循环强调系统是动态的，能够通过这些阶段的循环来适应和响应内外部的变化，从而保持长期的可持续性和复原力。

2）城市群韧性层级跨度传导

国家层面的韧性是指国家面对各种冲击和灾害的抵抗能力、恢复能力和适应能力，包括关于韧性的国家政策和规划、国家战略储备和紧急响应体系，以及国家的法治环境和社会安全保障（赵玉丽，2020）。国家层面的韧性影响和助力城市群韧性的提升和恢复能力的发挥。

城市群层面的韧性是指整个城市群面对各种冲击和灾害的抵抗能力、恢复能力和适应能力，包括城市群规划和管理的韧性，城市群的交通、能源、水利等基础设施网络的韧性，以及城市群的经济多样性和社会融合的韧性。城市群层面的韧性可以通过有效的城市群规划、基础设施建设和经济多样化来提升。

城市层面的韧性是指单个城市面对各种冲击和灾害的抵抗能力、恢复能力和适应能力，包括城市的基础设施韧性、城市规划和土地利用的韧性，以及城市的社会网络和社区参与的韧性。城市层面的韧性可以通过合理的城市规划和建设、提高基础设施的抗灾能力、促进社区的参与以及社会网络的建立来增强。

城市群韧性在不同空间层级传导，各层级韧性相互依存、互为支撑（吕悦风 等，2021）。国家层级的韧性政策和规划为城市群层级的韧性提供了战略目标和政策指导；城市群层级的韧性规划和管理为城市韧性提供了建设路径和资源支持。通过打造多层次的韧性网络，城市群能够更好地应对冲击和灾害，实现可持续发展和社会安全。

3）韧性传导机制

城市群韧性的传导机制是指城市群中不同层级之间韧性的交互和传递方式。这一机制可以分为顶层设计、互动合作和资源共享三个方面，以确保韧性在城市群各层级之间得到有效传导和持续提升。

（1）顶层设计

在城市群韧性传导的过程中，国家层面的顶层设计是至关重要的一步。国家层面制定的韧性政策和规划为城市群层面的韧性建设提供了引导和框架，这些政策和规划需要考虑城市群在面对灾害、挑战和变化时的需求，为城市群的韧性建设提供战略性目标和政策支持（何兰萍 等，2023；张贤明 等，2023）。

顶层设计的目标是确保城市群的韧性建设在整个国家层面得到统筹和协调。首先，韧性传导过程中，国家层面的顶层设计需要考虑不同城市之间的协同合作，建立一套统一有效的协调机制，以确保不同城市在面对灾害、挑战和变化时，可以迅速地做出反应，并共同应对韧性建设过程中出现的问题。然后，应当根据不同城市的特点和需求，制定具有针对性的政策和规划，为城市群的韧性建设提供个性化的指导和支持。最后，加强城市之间相互衔接，制定出鼓励城市间合作的政策和规划，例如在人才、资源、技术等方面的共享和互助，形成更大的韧性网络。

（2）互动合作

城市群内部各城市之间的互动合作是城市群韧性传导的关键环节。城市群内部的城市互相借鉴经验、分享资源，并进行协同行动，以提高整个城市群的韧性水平。城市群内部的互动和合作可以包括知识交流、技术合作、经济共享和紧急协同响应等方面（陈小卉 等，2017；姬兆亮 等，2013）。知识交流是指城市群内部城市之间的知识分享和传播，这有助于城市群整体素质的提高。技术合作是指城市群内部城市之间在技术方面的合作，共同研发和推广新技术，提高城市群的科技水平。经济共享是指城市群内部城市之间的资源整合和优化配置，提高整个城市群的经济发展水平。紧急协同响应是指城市群内部城市之间的应急响应合作，共同应对突发事件，确保城市群的安定和有序。

城市群内部的互动合作是城市群韧性传导的关键环节，对于提高城市群的生命力和活力、促进城市群的发展和繁荣具有重要意义。城市群内部应加强知识交流、技术合作、经济共享和紧急协同响应等方面，通过互动合作，共同应对突发事件，提高整个城市群的韧性水平，从而为城市群的繁荣和发展奠定坚实基础。

（3）资源共享

城市群韧性传导的另一个重要机制是资源共享。城市群内部的城市可以共享资源，包括物质资源、信息资源和人力资源等（颜佳华 等，2020；武文霞 等，2017；葛治存 等，2014）。通过资源的高效利用和共享，增加城市群作为整体的韧性，提高城市群面对冲击和灾害的抵抗力和恢复力。

资源共享可以通过城市群内部的合作机制、共享平台和互助机制来实现（张学良 等，2017；刘春富，2012；傅永超 等，2007；罗小龙 等，2007）。首先，城市群内部可以建立合作机制，通过加强政府部门、企业和公众之间的合作，实现资源的高效利用和共享。其次，可以构建共享平台，例如建立共享平台或公共服务平台，提供各种资源共享的接口和平台，方便城市之间进行信息、数据和服务的共享。最后，可以推行互助机制，通过实施互助计划或建立互助联盟，实现城市之间的资源互助和共享。当紧急事件或灾害发生时，城市群内部的资源可以迅速共享和调度，实现快速响应和恢复，提高整个城市群应对灾害的能力。

通过顶层设计、互动合作和资源共享的机制，城市群韧性得以在不同层级之间传导。国家层面的顶层设计为城市群的韧性提供了整体框架和政策支持；城市群内部的互动合作促进城市之间的共享和协作；资源共享使各城市能够共同面对危机挑战和事物变化。以上机制使得城市群能够形成一个整体的韧性系统，增强城市群在面对冲击和灾害时的应对能力，并推动城市群的可持续发展。

2.1.3　韧性过程

1. 韧性周期

城市群韧性周期是指城市群在面对外部冲击和危机时，能够快速、有效地适应和恢复，并进行转换学习，保持持续发展的过程，一般划分为前期准备、抵抗吸收、适应恢复、转换学习四个阶段（刘采云，2022；石龙宇 等，2022；王强，2022；彭翀 等，2020）。在韧性周期过程中，城市群可以逐步提高自身的抵抗力和适应力，更好地应对各种危机。韧性周期提供了一个框架和指导原则，帮助城市群有效地管理危机，并在危机过后实现可持续发展。

1）韧性周期阶段划分

（1）前期准备阶段

城市群韧性周期中的前期准备阶段是指在面临外部冲击之前，城市群通过制订和实施预防措施来准备应对可能发生的危机（蔡鑫羽，2022）。主要包括以下几个方面。①风险评估和规划。城市群进行灾害风险评估，识别潜在的自然、技术和社会风险，并制订相应的规划和策略。这包括对自然灾害（如地震、洪水、暴风雨等）和人为灾害（如恐怖袭击、火灾、技术事故等）的风险评估，并制订相应的防范和响应计划，建立灾害预警和监测系统，以及制定防灾减灾政策和法规（郑颖生 等，2021）。②建立应急管理体系。城市群建立应急管理体系，包括建立应急管理组织、制订应急预案，明确各部门和机构的职责和任务，以及进行紧急演练和培训，提高城市群在面临紧急情况时的响应效率和协调能力（付瑞平，2020；杨文斌 等，2004）。③基础设施建设。城市群投资建设韧性较高的基础设施，以提供持续和可靠的城市服务，包括改善供水和供电系统的可靠性，确保交通和通信网络的韧性，以及加强建筑物和桥梁的抗震能力等（王忠瑞，2023）。④资源储备和调配。城市群在抵抗吸收阶段会储备和调配各种资源（包括物资储备、人员调配、资源调配等），以满足应对危机的需要。通过这些措施，城市群可以在危机发生时快速响应，提供必要的支持和援助。⑤公众参与意识提升。城市群开展社区参与和意识提升活动，提高居民的灾害防范意识和应对能力，包括组织培训和教育活动，提供灾害知识和技能，建立社区自救自护机制，以及加强社区组织和居民的沟通和合作。

通过这些准备阶段的措施，城市群可以提前做好应对外部冲击的准备，提高城市群的韧性和抗灾能力。这将有助于在危机发生时降低损失并迅速恢复正常运作，从而实现城市群的可持续发展。

（2）抵抗吸收阶段

在城市群韧性周期中，抵抗吸收阶段是城市群面对外部冲击和危机时的一个阶段。当危机发生时，城市群需要立即采取行动来抵抗和吸收危机的影响，包括应急响应措施的实施，例如疏散人员、提供紧急救助和恢复重要的城市服务等（蔡鑫羽，2022）。这个阶段的特点是城市群通过加强自身的能力和资源，以抵抗和吸收危机带来的影响。①快速响应和灵活调整。城市群会迅速启动应急响应机制，并根据危机的性质和严重程度做出相应的调整，涉及调动急救队伍和资源，提供紧急救援和支持以及重新规划城市群的运营和服务。②临时设施和供应。设立临时设施，以满足人们的基本需求，包括临时住所、临时餐饮、医疗和教育设施等。同时，确保供应链的可靠性，防止物资短缺和价格波动。③人员疏散和安全保障。制订疏散计划，并组织人员有序撤离危险区域，加强安全保障措施，确保人员和财产的安全（缪惠全 等，2021）。

通过抵抗吸收阶段的措施，城市群能够迅速抵御危机的影响，并最大限度地减少损失。同时，它还能够帮助城市群保持正常运作，并为后续的恢复和重建阶段奠定基础。

（3）适应恢复阶段

城市群韧性周期中的适应恢复阶段是城市群在面对外部冲击和危机后，逐渐恢复和适应，达到新的平衡状态的阶段（蔡鑫羽，2022）。恢复阶段的具体工作内容和时间长度会因不同的冲击事件和城市群的特点而有所差异。该阶段的目标是逐步将城市群恢复到正常状态，并使城市在未来面临类似冲击时能更加韧性地应对和恢复。①基础设施恢复。城市群通过修复、重建或者重新规划等方式，重建损坏的基础设施，如道路、桥梁、供水、供电、通信等，以确保城市的正常运转（王忠瑞，2023；缪惠全 等，2021）。此外，城市群还会通过加强对灾害风险的规划和管理，以减少未来灾害对基础设施的影响。②社会经济恢复。城市群采取措施促进经济快速复苏，提供金融支持和财政激励，鼓励创新和创业，吸引投资和产业发展，重新启动企业和商业活动、恢复就业机会，以促进经济的复苏和社会的正常运转。同时，推动相关产业的多元化发展，以降低单一产业依赖度，增加经济韧性（缪惠全 等，2021；赵延东，2007）。③心理社会支持。政府组织提供心理和社会支持服务，帮助居民应对冲击事件后可能产生的心理和社会问题，包括提供心理辅导、社会援助、康复服务等，以帮助个人和家庭重新恢复稳定（缪惠全 等，2021；耿爱英，2008）。同时，城市群也会推动社区的重建和改善，以恢复社会联系和凝聚力。④生态环境修复。加强环境修复和保护，以恢复危机前的生态系统功能，包括植树造林、土壤修复、水体治理等（缪惠全 等，2021）。同时，城市群加强环境管理政策的实施，以降低未来灾害的风险，并提高城市群的适应能力。

通过适应恢复阶段的措施，城市群能够逐步摆脱危机的阴影，恢复正常的运行和发展。同时，它还能够帮助城市群更好地适应和应对未来的变化和挑战。

（4）转换学习阶段

城市群韧性周期中的转换学习阶段是城市群在应对外部冲击和危机的过程中，通过学习和转型，实现自身升级和发展的阶段。在经历危机后，城市群需要从经验中吸取教训，并进行转型和学习，包括改进城市规划和管理，提高社区参与和合作能力，制订更好的危机应对策略等，以提高未来应对类似危机的能力（李阳力，2021；李伟权 等，2020）。①学习和反思。进行学习和反思，总结经验和教训，以便更好地应对未来的挑战，包括对危机管理的过程和结果进行评估和反思，找出存在的问题和不足，并制订改进措施。②创新和转型。推动创新和转型，通过引入新的理念、技术和模式，提高城市群的适应能力，如探索新的产业发展方向、推广可再生能源和低碳技术、促进数字化转型和智能城市建设等，鼓励和支持居民和企业参与创新和技术应用。③投资和合作。加大投资和发展力度，为城市的未来发展打下坚实的基础。这包括加强基础设施投资、推动经济发展、加强人才引进和培养等，以提高城市群的整体竞争力和发展潜力；面对复杂的挑战，合作和联动是必不可少的，因此，城市群需要加强国内和国际合作和联动，以实现资源共享、经验交流和共同发展。④社区参与和民众教育。通过开展宣传活动、举办公众讨论会、提供培训课程等形式，提高公众对城市群韧性的认知和参与度，鼓励居民和组织参与决策制定和实施，共同推动城市群的韧性建设（梁宏飞，2017）。

在转换学习阶段，城市群需要积极采取措施，实现从危机中学习和转型，并达到新的发展水平。同时，城市群也需要关注长期的规划和投资，为城市群的持续发展和繁荣打下坚实的基础。通过不断学习和转型，城市群可以提高自身的韧性，以应对未来的挑战和实现可持续发展。

2）韧性周期与频率及程度的关系

频率是指城市群在一段时间内所面临的外部冲击和危机的次数。较高的频率意味着城市群需要更加频繁地应对外部挑战，而较低的频率则意味着城市群有更多的时间和机会进行恢复和发展（刘二佳 等，2013；魏凤英 等，2009）。在抵抗吸收阶段，城市群需要针对较高的频率采取快速的应对措施，以减轻危机的影响。而在适应恢复阶段，城市群需要根据较低的频率重新调整和分配资源，以实现从危机中逐渐恢复和发展。

程度是指每次外部冲击和危机对城市群造成的损害和影响程度。较高的程度意味着城市群需要更加强大的抵御能力和韧性，而较低的程度则意味着城市群有更多的机会进行学习和转型。在抵抗吸收阶段，城市群需要根据较高的程度采取更加有力的措施，以抵抗和吸收危机带来的影响。而在适应恢复阶段，城市群需要根据较低的程度进行逐步的恢复和发展，以实现从危机中逐渐升级和发展。

韧性周期与频率及程度之间的关系是相互关联的（曹强 等，2021）。在高频率短周期的情况下，城市群需要更快速地应对外部冲击和危机，以便减轻其影响，在抵抗吸收阶段，城市群需要采取快速、有效的措施来应对危机，在短时间内做出决策和行动，并迅速调整和适应。相比之下，在低频率长周期的情况下，城市群有更多的时间和机会进行恢复和发展，在适应恢复阶段，城市群可以根据较低的频率重新调整和分配资源，以实现从危机中逐渐恢复和发展，可以更充分地进行资源整合和学习，提高自身的韧性和适应能力（王强，2022）。

在抵抗吸收阶段，城市群需要根据频率和程度的特点采取不同的措施，以应对外部冲击和危机；在适应恢复阶段，城市群需要根据频率和程度的特点重新调整和分配资源，以实现从危机中逐渐恢复和发展；在转换学习阶段，城市群需要总结经验和教训，加强创新和转型，提高自身的韧性和可持续性，以应对未来的挑战和实现持续的发展。因此，频率及程度的特点是城市群在韧性周期中需要考虑的重要因素，也是影响城市群韧性的关键因素之一。同时，城市群在应对频繁和较大程度的冲击事件中所积累的经验和教训，也可以使其更好地准备和应对未来的冲击事件。

2. 韧性阈值

城市群韧性阈值是指城市群在面对外部冲击或压力时，能够保持正常运转和恢复到正常状态所需达到的最低韧性水平。韧性阈值可以是城市群在面对不同类型的风险和挑战时所能够承受的最大程度，也可以是城市群社会、经济和环境系统的稳定和可持续运转的最低要求。

1）韧性阈值的主要类型

（1）阈值点

阈值点是城市群韧性理论中的一个重要概念，它指的是城市群所能承受的最大极限。在城市群韧性阈值理论中，阈值点被定义为一种临界状态，即当外部冲击小于该值时，城市群仍能保持稳定状态；而当外部冲击超过该值时，城市群将进入不稳定状态（杨海涛 等，2019；Gompertz，1825）。

城市群韧性阈值还受到城市群内各个城市之间的联系程度、协调程度和资源分配情况等因素的影响。当外部冲击超过城市群韧性阈值时，城市群内部的各个城市很可能会产生相互影响和关联，甚至可能会导致整个城市群的系统性风险。因此，城市群韧性阈值点对于城市群的安全和稳定具有至关重要的作用。城市群的管理者应该充分了解城市群所面临的外部冲击类型和强度，并合理调整城市群内部各个城市之间的联系和资源分配情况，以提高城市群韧性的阈值点，从而确保城市群在面临外部冲击时能够保持稳定的状态。

（2）阈值带

阈值带是指城市群系统在两个稳态之间跃升或下降时，所处的一个过渡或重合区域。在这个区域里，城市群系统的状态不断发生变化，可以理解为量变过程中不同稳定状态之间的转换区域（杨海涛 等，2019；Gompertz，1825）。此时，驱动因子的变化会加剧城市群韧性系统稳态之间的转换，或者减缓或逆袭这种转换。在阈值带内，城市群系统状态的任何变化都是可逆的（谢永 等，2008；赵慧霞 等，2007）。如果系统处于一个稳态，那么稍微改变一个驱动因子的值，系统就会从一种稳定状态进入另一种稳定状态。然而，一旦系统进入阈值带，就会发现改变一个很小的驱动因子，就可以引发巨大的变化（唐海萍 等，2015）。因此，对于城市群系统来说，在阈值带内，要尽可能地控制和调节驱动因子的变化，以避免不可预测的系统震荡（杨海涛 等，2019；谢永 等，2008）。城市群系统的韧性不仅来源于自身的稳定性，还来源于与其他系统之间的相互作用。在阈值带内，城市群系统会与周围环境进行能量、信息、物质等方面的交流，从而引发系统之间的相互作用，这种相互作用会进一步影响城市群系统的韧性，从而在系统之间产生一系列复杂的动态行为（焦柳丹 等，2024；孟晓静 等，2023；张永欢，2022）。

在城市群韧性阈值模型中，阈值点和阈值带是两个重要的概念，它们可以帮助我们更好地了解城市群在不同外部冲击下的脆弱性表现。通过对城市群的综合资源、环境、社会等要素进行评估，可以预测城市群在面临不同类型外部冲击时的脆弱性表现，并采取相应的措施来提高城市群的韧性水平。

2）韧性阈值的等级划分

根据城市群韧性阈值在管理中的应用，城市群韧性阈值可以分为不同等级，以更好地应对各种突发事件和管理复杂城市群。唐海萍等（2015）将生态阈值分为红色阈值、橙色阈值、黄色阈值三个等级，同理，对于城市群，韧性阈值也可分为红色韧性阈值、橙色韧性阈值和黄色韧性阈值：黄色韧性阈值表示城市群韧性系统可以通过自身的调节能力，即系统的持久性（persistance），重新达到稳定状态，例如，当一个城市遭遇自然灾害时，虽然短时间内城市功能受到破坏，但经过一段时间的恢复，城市仍然可以恢复到正常状态；橙色韧性阈值表示城市群韧性系统需要移除干扰因子，利用城市群韧性系统的弹性或者恢复力（resilience）重新回到平衡状态，一般表现为城市群韧性系统受到严重干扰，自身调整不能恢复系统稳定状态的情况，此时，城市群韧性系统需要通过外部干预，如救援、重建等，消除干扰因子，使系统重新恢复到平衡状态；红色韧性阈值则为关键阈值点，超过此阈值，城市群韧性系统将发生不可逆的转换甚至系统崩溃，一般表现为城市群韧性系统受到极度干扰，超出了城市群韧性系统自身调整和外部干预的能力范围，此时，系统恢复稳定状态的可能性极小。

3）韧性阈值的测度方法

城市群韧性阈值的测度方法主要包括统计分析和模型模拟两种（唐海萍 等，2015）。这两种方法都有其特点和优势，适用于不同类型的数据和研究问题。

（1）统计分析

统计分析是一种基于数据统计和分析的方法，适用于大规模数据的处理和分析，具有较高的准确性和可靠性。该方法主要通过建立数学模型对城市群韧性进行定量分析和预测，包括线性回归、多元回归、因子分析、相关分析等。选择一些与城市群韧性相关的指标，如就业率、人口密度、社会保障覆盖率、绿地覆盖率等，通过构建综合指标体系，将城市群的韧性分解为多个维度，如经济韧性、社会韧性、环境韧性等，然后通过加权求和的方式建立城市群韧性阈值模型，通过对模型的拟合和分析，得到城市群韧性阈值的变化规律和影响因素（郝媛 等，2008；王根城 等，2007；方创琳 等，2005）。这种方法可以综合考虑多个方面的因素，但需要对各个指标的权重进行合理设定。

（2）模型模拟

模型模拟在确定和预测较大时空尺度阈值方面具有明显优势，可以充分发挥城市群韧性阈值对地球上各种系统及其环境的预警作用，为城市群韧性系统提供实时反馈。利用模型模拟，可以开展城市群韧性系统状态改变的驱动力研究，探索政策与管理方式变化等人类活动因素对城市群韧性系统的影响（胥学峰，2023；戴嘉璐 等，2021；袁丽娜，2021；张梦婕 等，2015）。可以利用机理模型和系统动力学模型来检测和量化城市群韧性阈值。机理模型是一种基于数据分析的统计模型，用于描述系统各组成部分之间的相互作用关系。而系统动力学模型则强调系统的动态特性，通过模拟系统内部的反馈机制来预测系统的行为和演化。这两种模型都能够以更精细的尺度描述城市群韧性阈值，为城市群韧性系统的优化和调整提供科学依据。

此外，根据具体情况，还可以考虑与城市群韧性相关的其他因素，例如城市群的发展战略和规划、紧急管理和灾害风险评估等。综合利用多种方法和指标，可以更全面、准确地测度城市群的韧性阈值，为城市群发展提供科学依据。

2.2　韧性的认知理论

2.2.1　韧性评估

城市群韧性评估是指对城市群在面临自然灾害、人为灾害或社会经济压力等复杂环境下的抗灾能力和适应能力进行综合评估的过程（王钧 等，2023）。这种评估对城市群的安全运行和可持续发展具有重要意义。首先，城市群韧性评估可以识别城市群中存在的脆弱点和风险因素，发现城市群在基础设施、生态环境、公共卫生、社会稳定等方面存在的问题和隐患，为城市群管理者提供科学的决策依据，从而制订针对性的措施，提升城市群的韧性。其次，城市群韧性评估可以为城市群规划与建设提供指导，为城市群的发展提供可持续性建议，帮助规划者更加科学地制定城市群的发展战略，在保障城市群安全性的基础上，兼顾经济、社会和环境等多方面的综合因素，实现城市群的和谐共生。此外，城市群韧性评估还可以为城市群应急管理提供参考。当面临灾害事件时，韧性评估可以帮助相关部门迅速评估事件的影响和严重程度，从而启动应急预案，并协调各方资源，实现应急响应的迅速启动，降低灾害对城市群的影响。总之，城市群韧性评估对城市群的可持续发展具有重要意义，可以为城市群管理者、规划者、应急部门等提供有力的参考依据，实现城市群的韧性发展。

近年来，在韧性评估方面，涌现了越来越多的研究。方创琳等（2011）通过系统化的分析方法结合综合性指标的评估方式，对中国的地级及以上规模的城市进行了韧性评价，并分析了其空间上的差异性。林良嗣等（2016）采取了基于生活质量（quality of life，QOL）的评估框架，结合大数据技术，对相关指标进行了量化研究。

此外，学者还对城市韧性的不同领域进行了量化评估和实际应用，例如城市灾害风险（李亚 等，2017）、基础设施（孙鸿鹄 等，2019）、空间形态（修春亮 等，2018）、生态规划（马淇蔚，2017）等。韧性评估方法主要包括系统动态模拟、网络分析（network analysis）法、适应性循环（adaptive cycle theory）理论、层次分析法（analytic hierarchy process，AHP）、逼近理想解排序法（TOPSIS）等，它们从不同角度评估系统在面对扰动时的恢复力和适应性（彭翀 等，2021）。系统动态模拟提供了一种通过模拟系统行为来评估其对各种扰动反应的方法，使我们能够预见不同情景下的系统表现。网络分析法通过评估系统内部的连接性和网络结构，来理解系统如何在面临压力时维持功能和恢复力。适应性循环理论强调了系统在经历生长、发展、崩溃和重建阶段时的适应性变化，提供了一个理论框架来评估系统在长期内的韧性。层次分析法（AHP）和逼近理想解排序法（TOPSIS）等决策支持工具则通过定量分析，帮助评估和比较不同策略或措施增强系统韧性的效果。这些方法从不同角度和尺度提供了评估系统韧性的工具，旨在识别脆弱性、增强恢复力，并促进系统对未来挑战的适应能力。

进行城市群韧性评估是一个复杂而综合性的过程。首先，确定评估的目的和范围，明确所关注的韧性要素和指标，涉及社会、经济和环境方面的指标；收集和整理相关的数据和信息，包括统计数据、地理信息、政策文件、专家意见等，可以从政府部门、研究机构、社区组织等各方获得。然后，根据评估目标和现有数据，选择适当的指标来衡量城市群的韧性，如人口密度、经济多样性、社区连通性、环境可持续性等；使用统计和分析方法对收集到的数据进行分析和评估，基于指标的比较、时间序列分析、情景模拟等方法量化城市群韧性的表现和潜力。最后，根据数据分析的结果，识别城市群面临的韧性问题和潜在的脆弱性，并对其进行优先排序；基于评估的结果，提出相关的政策建议和规划方案，以提高城市群的韧性和可持续发展能力（焦柳丹 等，2024；孟晓静 等，

2023；张永欢，2022）。

评估是一个动态的过程，城市群的韧性水平会随时间变化，因此，建立一个监测和追踪机制，以跟踪城市群韧性的演变和进步，这样的监测和追踪机制可以为我们提供关于城市群韧性水平的实时信息，从而更好地了解城市群在面对自然灾害、社会经济冲击等方面的脆弱性和抗灾能力。

1. 韧性评估的主要类型

从评估对象来看，韧性评估可以分为单一维度评估和综合评估。单一维度评估是指对城市群某一个具体韧性维度进行评估的方法，例如，针对城市群的基础设施韧性进行评估，可以考察其抗震能力、抗洪能力、供水供电可靠性等指标，从而评估城市群在基础设施方面的韧性能力（李亚 等，2016）。单一维度评估有助于深入分析城市群在特定方面的韧性状况，并提出相应的改进和提升建议。综合评估则是一种对城市群整体韧性能力进行评估的方法，它考虑了城市群在不同维度上的韧性，如基础设施韧性、社会经济韧性、环境韧性、治理韧性等，并综合考虑了各个维度之间的相互关系和影响（张永欢，2022）。综合评估可以帮助城市群了解自身的整体韧性状况，并为制定跨维度的韧性提升措施提供依据。

从评估方法来看，韧性评估可以分为定性评估、定量评估和模拟模型评估。

定性评估是通过专家和利益相关者的经验和知识，对城市群韧性进行主观评估的方法。该方法结合了多方面的因素，如城市群的自然环境、社会文化、政策制度、经济结构等，以及它们对城市群韧性的影响（唐彦东 等，2023；全美艳 等，2019）。评估过程中，专家和利益相关者根据一系列标准和案例，对城市群韧性进行等级划分，如非常低、低、较高、高、非常高五个等级。这种方法的优点在于，它可以通过经验判断和感性认知，发掘出城市群韧性的潜在问题，为后续的定量分析和模拟提供支持。定量评估是通过收集和分析具体数据，从数学统计的角度评估城市群的韧性能力的方法，主要从水平测度和效率测度展开（焦柳丹 等，2024；孟晓静 等，2023；孙才志 等，2020）。该方法将城市群韧性作为研究对象，通过构建相应的指标体系和评价模型，对城市群的韧性进行定量评估。定量分析方法可以更客观地反映城市群的实际韧性水平，为政策制定和实施提供数据支持。模拟模型评估是使用计算机模型和仿真技术，模拟不同场景下的城市群韧性表现的方法（冯一凡 等，2023；张欢 等，2023；杜青峰 等，2022）。该方法通过建立城市群韧性模型，对不同情景进行模拟，分析城市群在不同外部环境下的韧性表现，如气候变化、自然灾害、经济波动等。该方法有助于提高城市群韧性的科学性和针对性，为城市群韧性规划提供有力的支持。

单一维度评估、综合评估、定性评估、定量评估和模拟模型评估在城市群韧性评估中可以相互结合和补充。不同类型的评估方法可以根据具体情况选择使用，以获取全面、准确和有价值的评估结果。

2. 韧性评估的度量指标

韧性指标是用于量化城市群韧性水平的关键指标。为了确保城市在面对复杂环境和挑战时能够表现出良好的韧性，需要确定一系列涵盖不同层面要素的韧性指标。这些指标包括物质基础设施、社会经济系统、环境资源等多个方面（焦柳丹 等，2024；孟晓静 等，2023；张永欢，2022）。在具体评估过程中，应当确定评估的目标和范围，即评估的重点和涵盖的领域。

社会韧性是指城市群在社会稳定、公共安全、应急响应、人际关系等方面的抗冲击能力和恢复能力，度量指标包括犯罪率、自杀率、公共安全事件的发生率、社会和谐指数等；经济韧性是指城市群在经济活力、产业竞争力、贸易往来、财政收入等方面的抗冲击能力和恢复能力，度量指标包括地区生产总值、人均可支配收入、实际利用外资、产业结构的多样性、抗风险能力等；环境韧性是指城市群在环境保护、气候变化、自然灾害等方面的抗冲击能力和恢复能力，度量指标包括人均绿地占有率、空气质量指数、水质指数、自然保护区面积等；基础设施韧性是指城市群在道路、桥梁、机场、铁路、港口等基础设施方面的抗冲击能力和恢复能力，度量指标包括交通网络密度、能源供应可靠性、通信网络覆盖率等。

需要注意的是，不同的研究者和实践者可能会选择不同的指标和方法来评估城市群的韧性，因此具体的度量指标和方法可能存在差异。在实际研究和评估中，应当考虑评估指标的可获取性、可操作性和实际应用的可行性，确保指标能够导向实际的政策和措施。

基于以上考虑，可以根据具体情况选择合适的指标或构建综合指标体系来评估城市群的韧性。首先，综合文献研究，了解已有的城市群韧性评估指标体系和方法；其次，采用德尔菲法，邀请领域内的专家进行咨询和评估指标的建议；接着，基于文献回顾和专家咨询的结果，筛选和优化相应的指标，确保指标在覆盖面和可操作性上的有效性；然后，对确定的指标进行细化和具体化，以便后续的数据收集、分析和评估；最后，根据指标的重要性和影响力，确定不同指标之间的权重，以便进行综合评估和排名（路兰 等，2020；谢欣露 等，2016）。以上步骤形成了一套基础和具有较强可操作性的城市群韧性评估指标体系及评估方法。

3. 韧性评估的决策支持

城市群韧性评估的结果应为政策制定者和决策者提供有效的信息和决策支持，决策支持工具包括多目标决策分析、风险评估和应急规划等，能够辅助决策者在不同情景下制订韧性增强策略。多目标决策分析是指同时考虑多个目标，从多方案中选择最优的决策方法，帮助决策者确定最合适的韧性增强策略（吴旭 等，2021）。风险评估是指通过分析各种因素（如自然灾害、人为灾害等）对城市群的影响，帮助决策者制订相应的应对措施，提高城市群的韧性（郑颖生 等，2021）。应急规划是指为应对突发事件而制订和实施的短期和长期应急计划，可以帮助决策者制订应急预案，并在突发事件发生时，采取及时的应急措施，保障城市群的稳定运行（付瑞平，2020；杨文斌 等，2004）。

2.2.2　韧性机制

城市群韧性的机制与提升策略密切相关，国内外学者已经展开了初步研究，并在政府、团体和个人的共同参与中进行了一些探索与实践。在机制方面，主要体现为属性要素的定性分析；在提升方面，主要包括规划和管理手段。国际上，对韧性机制的研究聚焦于梳理影响韧性承受能力、可提升能力的要素，如基础设施、环境资源、土地使用、城市形态、社会治理、社区公众参与等的理论总结与实证研究（Hossain et al.，2017；Sharifi et al.，2017；Kuei-Hsien et al.，2016）。赵冬月等（2016）从协同管理的角度切入，认为城市灾害管理部门的协同管理是实现城市应对突发或慢性干扰的有效途径。通过计算无协同、弱协同和强协同管理状态下城市吸收灾害能量的变化判断城市灾害风险趋势，并认为城市协同管理的程度越高，城市对灾害的防治、救援和恢复力进行整合的效率越高；韩雪原等（2019）从专项目标、功能布局、空间单元、虚实融合等方面研究了如何在城市规划的详细规划制订过程中融入专门针对防灾减灾的策略和措施的技术路径，以增强和优化城市的防灾基础建设。专项目标融合强调综合安全要求的底线防控，功能布局重点考虑地上设施和地下设施的系统整合，空间单元融合主要打造防灾生活圈，虚实结合通过构建城市风险数据库、韧性管理平台、市民手机 APP 等方式实现城市韧性平台与实体防灾空间的互动。彭震伟等（2018）剖析了美国纽约市构建韧性城市的建设经验，从配套策略支撑、建设资金保障、防灾基础设施建设、特殊地段营造等几方面进行总结，在进行经验借鉴的同时也提出了美国纽约韧性城市建设的潜在问题，诸如飓风侵袭、海水侵蚀、垃圾填埋、滨水区土地产权限制等。

国内已有的韧性机制研究多处于抽象的理论总结及具体的实证研究层面，理论结合实践的机制建构研究有待增强。宋涛等（2016）基于城市新陈代谢的概念、内涵，利用城市代谢（urban metabolism，UM）效率指数模型与 SBM 模型，系统刻画了 2000 年和 2010 年我国城市新陈代谢的发展特征和演进路径，并以北京为例，试图构建城市韧性的测度、变化规律及基于产业结构、资源环境条件等的内在机理。林良嗣等（2016）从土地利用与交通体系的国土层面提出灾害评估构建、完善硬件和软件的复原机制、居住转移、补贴措施等一系列优化城市韧性的方法。王祥荣等（2016）以上海市为例，通过构建压力-状态-响应模型，针对性地提出了构建城市协同管理机制、建设韧性城市示范点、研发事故应急技术、信息技术运用的风险评估等综合的韧性城市发展对策。国内在韧性城市规划和管理提升策略方面处于起步阶段，其中四川省成都市通过《让城市更具韧性"十大指标体系"成都行动宣言》和《城市可持续发展行动计划》来构建坚韧的城市抗风险机制，将减灾指标与城市发展规划相结合；深圳的城市总体规划提出"网络+组团"空间结构、划定"四区五线"等进一步提升城市发展的稳定性与面对社会经济发展变化的灵活适应性（刘堃 等，2012）。

2.2.3 韧性响应

城市群韧性响应是指城市群在面对各种冲击、危机或灾害时，能够及时有效地抵抗应对并快速恢复正常运行的行为过程（马雪菲，2023；陈丹羽，2019）。韧性响应不仅体现在多维领域，也在韧性周期的不同阶段有着不同的表现。

1. 工程韧性响应

在前期准备阶段，城市群通过全面的风险评估，识别潜在的自然灾害和社会风险，从而优先保障关键区域的安全。这一阶段需确保关键基础设施和服务的资源充足，储备足够的应急物资、建立多元化的供应链、保障医疗设施的先进与充分。同时，城市规划和建筑设计应内嵌灵活性和可持续性，如考虑洪水管理的绿色基础设施、抗震建筑标准等。进入抵抗吸收阶段，城市群的应对措施要更为迅速有力。应急预案的启动是关键，包括快速部署救援队伍、确保信息流通和指挥体系的有效性。同时，关键基础设施如电力网络、交通系统、通信网络必须受到特别保护，以防止系统性故障的蔓延。在适应恢复阶段，城市群需要表现出更高的适应性，快速恢复受影响的区域。建立临时的住房和医疗中心，重新开放交通动脉，以及确保生活必需品的供应；建立社会心理支持，帮助人们在灾后完成心理上的抚慰和社会联系的重建，以恢复城市的活力和凝聚力。转换学习阶段是城市群自我提升的关键。城市群需要通过对抵抗灾害、适应恢复这一过程的回顾和分析，来总结成功的做法和应改进之处，涉及政府、规划者、公众等多方面的合作，共同推动政策和实践的调整。技术创新在此阶段尤为关键，它能提供更加新颖高效的解决方案，如智能的基础设施监测系统、高效的应急响应技术等。

提升城市群工程韧性关键在于基础设施的建设、监测和维护（孔德平，2023；肖岩平 等，2021；李姣，2019）：①建设高强度、高韧性基础设施。基础设施应该采用高强度、高韧性材料和符合国家规定和行业标准的建造方式，如加固构件、增加连接件等。通过这些手段，可以改善基础设施的抗震、抗风、抗水等能力，提高其韧性。②加强基础设施的监测、评估和维护。城市群应该在基础设施使用期内进行定期的监测和评估，及时发现设施的缺陷和损伤，进行维修、加固和替换。同时，要提高设施的管理水平和维护效率，延长其使用寿命，减少设施出现故障带来的影响。③推广智能化基础设施。城市群可以采取智能化、自适应等新技术，提高基础设施的灵活性和韧性，比如，通过智能交通系统、智能供水系统等，可以对基础设施的运营和管理进行有效的管控和调整。④建立联防系统和备份设施。城市群可以建立备份设施、紧急联防系统等，以提高基础设施的复原能力，比如，不同城市之间可以建立紧急联防通道，实现跨城市援助；在关键设施上可以设置多个备份系统，确保设施在发生故障后可以及时恢复服务。⑤加强灾后重建规划。相对于抗灾防灾，对灾后重建做好规划，也是提高城市群基础设施韧性的重要手段。通过灾后重建规划，可以减少灾后恢复和重建的成本，并且确保重建后的基础设施韧性更强、可持续发展。

这些措施需要从城市群的各个方面考虑，包括政策、科技、交通运输、环境、医疗等，以提高城市群的社会韧性，应对各种内外部风险、挑战和变化。例如，在2020年新冠肺炎疫情期间，长三角城市群及时采取防控措施，布局临时隔离点，并通过快速铁路、公路和航线等方式，加强城市群内部的物流和协调（欧阳鹏　等，2020）；珠三角城市群在建设绿色低碳发展路线图方面取得了良好的成效，通过推进新能源汽车、提高公共交通标准、优化企业排放标准等措施，促进城市群能源结构调整，提高城市群的环保水平，增加城市群的环境韧性（王佩　等，2019）。

2. 经济韧性响应

在前期准备阶段，城市群需通过经济多元化策略降低对单一行业或市场的依赖，增强经济的抗冲击能力。同时，建立应急金融储备和进行市场预测可以为未来可能的经济波动提供缓冲和预警，保障经济稳定运行。进入抵抗吸收阶段，城市群需要迅速采取行动以稳定经济秩序。启动应急资金，支持受冲击最严重的行业和企业，实施灵活的经济政策来缓解市场压力。同时，推动金融、制造业和基础设施建设，防止经济活动的全面瘫痪。在适应恢复阶段，城市群需要采取措施促进经济快速恢复。提出经济刺激计划，如增加公共投资、降低税收、提供就业补助等，可以激发市场活力，促进就业和消费。扶持小微企业，这类企业往往是经济发展的活力源泉，但在经济危机中更易受到打击。在转换学习阶段，城市群应基于前三个阶段的经验和教训，调整和完善经济政策和战略，包括优化经济结构，减少脆弱性，促进产业升级和技术创新，开拓新的经济增长点。投资绿色经济、数字化转型等前沿领域，不仅可以带来长期的经济利益，还能提高城市群的整体竞争力。

城市群提高经济韧性需要通过多元化产业结构、科技创新、区域间协作、金融风险防范和制定应急预案等方式实现（曹逢羽，2023；张振　等，2021；李亚　等，2017）。只有通过加强各方面的支持和措施，才能提高城市群经济韧性，促进城市群的可持续发展。①多元化产业结构。城市群应该通过推动多元化产业结构，减少单一产业对经济的依赖，提高经济韧性。城市群可以发展具有区域特色的产业，如文化创意产业、旅游业、高新技术产业等。②提高科技创新能力。城市群应该提高科技创新能力，加强对科研机构和企业的支持。城市群可以通过设立研究中心、孵化器等创新平台，鼓励和引导企业创新和科技成果转化，提高企业的竞争力。③加强城市群间协作。城市群应该加强区域间的合作和协调，共同推进区域经济发展。城市群可以建立合作机制、联合体等方式，加强信息沟通和资源共享，实现互补发展和共同繁荣。④强化金融风险防范。城市群应该重视金融风险的防范和控制，加强金融监管和风险预警。城市群可以加强金融创新，发展风险缓释机制，防止一些理财违规行为对整个城市群经济的影响。⑤健全城市群应急预案。城市群应该制订全面的应急预案，及时应对突发事件和经济波动。预案应该包括对关键行业的风险分析、应对措施等，以及组建专业的应急指挥团队和机构，提高城市群应对突发事件和经济波动的能力。

总的来说，通过把握城市群发展的趋势和优势，将城市间协同发展升级为新的经济增长点，加强城市群内部的资源共享和产业合作，提升城市群的经济韧性，不断提升城市群的国际竞争力，是当前城市群提升经济韧性的常用方法。例如，杭州湾城市群以"创新引领，集聚发展"为引领，着重发展高新技术行业，建立了一批科技园和产业集聚区，在吸引高端人才和种子企业方面优势明显，同时，杭州湾城市群加强了产业协同，促进了优势产业和城市集群的深度融合，增强了城市群的经济韧性（韩瑾，2019）；京津冀城市群通过城市协同发展，推动了区域经济一体化和资源共享，完善产业链，扩大内部需求，增加经济复杂度，提高城市群的经济韧性，该城市群开展了旅游、文化、卫生、科技等众多城市协作项目，提高了城市群的涵盖面和市场竞争力（孙久文 等，2012）；珠三角城市群以"数字经济"为主导的转型升级，将互联网、人工智能、大数据等"数字经济"作为推动城市群经济体量、提高创新能力的重要手段，加强产业合作和协调，发展数字经济，促进城市群经济体系的升级和转型，以应对全球竞争与变化带来的压力（洪佳，2020）。

3. 生态韧性响应

在前期准备阶段，城市群着重于建立防御和预警机制。首先，对城市群进行生态环境风险评估，以识别和理解可能的生态风险，基于评估结果，城市群投入生态系统的保护和恢复工作。城市规划方面注重可持续性，比如推广绿色建筑、优化城市绿地配置，以提高城市对环境变化的整体抵抗力。进入抵抗吸收阶段，城市群需要迅速而有效的反应。启动预先制定的应急预案，快速动员资源以保护关键基础设施和居民安全，例如，当洪水来临时，确保排水系统有效运行，同时保护供水和电力等关键设施。此阶段的关键在于减少即时灾害对城市运行和居民生活的影响。在适应恢复阶段，灾后重建和生态系统的恢复是阶段重点。采取措施恢复受损的生态环境，如重新种植被洪水冲毁区域的树木；同时，当重建城市基础设施时，重视生态设计和可持续建材的使用，提高城市对未来生态挑战的适应能力。在转换学习阶段，城市群通过反思和学习前三个阶段的经验，调整和改进城市群生态环境策略。增强公众的环保意识、推广可持续生活方式，并通过科技创新提高城市生态效率，如发展智能水资源管理系统。这一阶段的目标是不断提高城市群的整体生态韧性，使其更好地准备迎接未来的挑战。

城市群提高生态韧性需要通过生态修复和保护、建设生态城市、推广可持续发展理念、加强环境治理和监测以及推动环境法治建设等方式实现（金瑛 等，2022；李翅 等，2020；梁林 等，2020；崔翀 等，2017）。城市群应该充分发挥市民参与的作用，加强政策宣传和环保教育，形成全社会的环保共识和合力，实现城市群的可持续发展。①生态修复和保护。城市群应该实施生态修复和保护，使生态系统得以恢复和保持平衡，包括恢复湿地、山林、河流等自然生态系统，保障水源、土壤、空气等自然资源的质量，加强城市群与周边生态系统的联动和互动。②建设生态城市。城市群可以通过建设和改造城市公园、广场等公共空间，建立生态景观体系，减少水泥、钢筋等城市固化设施的占用，提高城市群的生态环境质量。生态城市还需要实现节能减排，推广环保新技术，加强对城市生态的监测和评估等。③推广可持续发展理念。城市群应该倡导可持续发展理念和行为习惯，积极推广低碳、环保、节能的生活方式和消费模式。城市群还应该鼓励居民自行车代步、共享单车等绿色交通方式的使用，减少对空气质量的污染。④加强环境治理和监测。城市群需要加强环境治理和监测，确保城市空气、水源等环境质量符合国家标准。城市群可以建立环境监测体系，实现联网监测，及时发现和处理不良的环境污染事件。⑤推动环境法治建设。城市群应该加大环境法治建设，完善环境保护相关法律法规，增强对环境违法行为的惩罚力度。城市群可以设立环境监察机构，加强对环境违法行为的检查和处理，有效维护城市群的生态环境。

总的来说，城市群应用生态策略提升生态韧性的方法需要采取综合措施，包括城市规划、自然保护、资源管理、废弃物处理等方面，从而实现城市群生态保护和可持续发展。通过建立多元化生态系统，结合科技创新和生态经济的推进，在城市群应对全球变化和面临各种挑战中，提升城市群的整体生态韧性水平。例如，荷兰鹿特丹城市群在人类活动对环境的影响下，开展绿洲项目，通过植被、水体等景观设计保护城市生态环境，同时，开展水生态治理和激活绿色城市通道等措施，强化城市纵向生态廊道网络的保护和连接，提高城市群生态韧性（赵宏宇 等，2017；冯潇雅 等，2016）；美国波多黎各自由邦城市群针对全球气候变化带来的风险，通过引进先进技术建立智慧城市、增加清洁能源使用、实施可持续发展计划等，大幅减少对生态环境的影响，增强生态韧性。

4. 社会韧性响应

在前期准备阶段，城市群集中于评估和准备应对潜在的社会风险。进行全面的社会风险评估，分析可能的经济危机、社会冲突或健康紧急情况的影响，基于评估结果，制定相应的预防策略和应急计划。通过加强社区活动和建设，提升社区凝聚力；同时，建设高效的信息和通信系统，保证在紧急情况下可以迅速传递关键信息。在抵抗吸收阶段，当面临自然灾害或大规模的公共健康事件时，城市群需要迅速启动预先制定的应急响应机制，动员资源以提供必要的社会服务，如紧急食物、住宿和医疗援助等。同时，采取措施维护社会秩序，提供心理健康支持和咨询服务，帮助人们应对危机带来的压力。进入适应恢复阶段，重点转向重建和加强社会服务体系。鼓励城市居民积极参与重建过程，不仅有助于快速恢复正常生活，还能增强他们对未来挑战的应对能力。通过赋予公众更多权利，能更好地满足他们的具体需求，建立更为坚实的社会基础。在转换学习阶段，城市群从之前的经验中学习并进行改革。一方面，增强公众对社会韧性的认识，推广相关教育和培训项目，同时鼓励社区的持续发展和创新，以解决潜在的社会问题；另一方面，需要审视和调整社会政策、服务体系，以更好地应对未来可能的危机。

城市群提高社会韧性需要通过建设社区和谐、增强抗灾能力、保障公共安全、加强政府执政能力和透明度、促进社会公正和包容性等方式来实现。城市群应该充分发挥市民参与的作用，建立多层次、多领域的治理体系，形成全社会的共识和合力，实现城市群的可持续发展（陈浩然 等，2023；谭日辉 等，2023；杨航，2023；任远，2021）。①建设社区和谐。城市群可以通过建设社区自治机构，促进社区居民之间的互动和协作，增强居民对社区发展的参与度和归属感。建立社区志愿者队伍，引导居民进行公益活动和社会贡献，增强社区的凝聚力和社会信任度。②增强抗灾能力。城市群应该制定灾害防范预案，强化各类灾害应急预备工作。建立紧急响应机制，加强危险品运输和储存管理。提高公众防灾意识，加强灾后重建工作，使城市在灾害发生后能够迅速恢复，抗灾能力得到提升。③保障公共安全。城市群应该加强公共安全体系建设，包括公共安全教育、公共安全监管、公共安全服务等方面。加强对公共场所、交通枢纽等重要场所的安全监控，确保公众人身安全和资产安全。④加强政府执政能力和透明度。城市群应该加强政府执政能力和透明度，提高政府服务水平和公共决策的公开透明度。鼓励公众参与政府决策过程，提高政府与公众的交互性和信任度。建立政府建设公示制度，定期公开政府工作和财务状况等信息，以增强政府透明度。⑤促进社会公正和包容性。加强对弱势群体的关注和扶持，落实社会福利政策，消除贫困和社会不平等现象。鼓励各类社会组织的发展，推动社会服务的多元化和专业化，提高社会资源的整合度。

　　总的来说，城市群提升社会韧性的方法多种多样，需要从社会建设、教育医疗、文化发展、公共服务等方面全面加强建设。在全面提高城市群的社会韧性和适应能力的过程中，需要注重社会治理、公共安全、家庭教育等方面的发展，进一步增强城市群的社会活力和社会创新能力。例如，河北雄安新区作为中国新兴城市群之一，注重社会韧性的提升。新区采取多项措施，如加大社会保障力度、完善教育医疗体系、提升文化设施建设、加强社区服务管理等，从而实现全民共享各项社会资源，增强社会凝聚力和应对能力。德国莱茵鲁尔城市群地区历经转型重建，成功提升社会韧性。该城市群积极开展高质量教育、加强社区服务、支持文化创新等多项措施，形成了具有时代特色的文化和社会融合体系（唐承辉 等，2022）。美国硅谷是全球著名的高科技产业中心，其社会韧性的提升主要是基于创新能力的提高。硅谷通过建立科技创新机构、大力推进科技创新及高科技企业招商引资等措施，从而积极推进城市的创新和经济发展，全面提升社会韧性（张秀娥 等，2016）。

第二篇

城市群韧性评估

科学合理的量化评估是将"韧性"从理论概念转变为实践认知的基本途径。本书的第二篇基于第一篇所构建的城市群韧性理论框架进行量化测度的探讨，共包含 4 章内容。主要以长江经济带和长江中游城市群为研究对象，从面向效率的韧性水平评估（第 3 章）、基于交互机制的韧性耦合评估（第 4 章）、基于多情景的韧性网络评估（第 5 章）和基于长短周期的韧性演化评估（第 6 章）四个方面展开各具特色的城市群韧性评估分析。

第3章 面向效率的韧性水平评估

改革开放 40 多年以来,我国实现了快速的经济增长和城镇化。从宏观层面来看,《中国统计年鉴》的数据显示,1978～2019 年我国的城镇化率从 17.92%增长至 60.60%,这在一定程度上促进了韧性城市建设的蓬勃发展(Zhu et al.,2019;Deng et al.,2014)。然而,部分城市以能源和资源的高投入、高消耗换取韧性能力单方面的快速增长,导致资源利用效率不足、生态环境高度敏感、经济增长方式粗放等问题逐渐凸显(Wang et al.,2014)。从城市差异来看,相较于中小规模城市,大城市往往因能源、资本、劳动力和产业等要素的高度聚集而表现出较高的韧性水平,但其代价是更高的资源消耗。那么,大城市产出韧性能力的“效率”是否一定高于中小城市?其背后的主要驱动因素又是什么?这些现实和疑问成为全面综合探究城市韧性效率的出发点。一方面,关于城市韧性的探讨应考虑韧性能力与资源利用的关系,即在重视城市韧性能力(产出指标)的同时,还需要兼顾考察资源与环境代价即韧性成本(投入指标),进而评估其韧性效率(效率指标),从而实现韧性的综合认知。另一方面,探索韧性效率在大中小城市间的时空分异同样是有趣且值得思考的问题。

3.1 韧性效率评估思路

3.1.1 评估指标

1. 韧性成本(投入指标)

城市作为典型的复杂巨系统,与生态系统类似,具有“新陈代谢”过程(Kennedy et al.,2007)。城市代谢(urban metabolism)可理解为城市中发生的经济、社会和技术过程的总和,表现为物质、能源投入城市和产品、废物排出城市,是物质与能量在城市中被消耗、存储和转化的过程(Wolman,1965)。通过“新陈代谢”,城市将投入的水资源、原材料和能源等物质转换为城市空间环境、社会关系和治理体系,进而构成城市抵御突发扰动和吸收灾害的物质与制度基础(Meerow et al.,2016)。换言之,城市韧性遵循生态经济系统的投入与产出机制,是由投入城市的各类物质与能源转换形成的属性能力。结合效率评估的相关文献(Ren et al.,2018;Chiu et al.,2012)来看,能源、水资源、土地、资本、劳动力是在城市发展成本中被广泛采纳的投入要素。此外,由于科技与教育是影响城市经济与创新发展的重要因素(Mou et al.,2021;彭翀 等,2021),本书将其纳入韧性成本要素。在此基础上,将电力、水资源、土地、资本、劳动力、科技、教育七个要素视为韧性成本的主要维度。进一步，分别采用全社会用电量、供水总量、建成区面积、固定资产投资、城镇非私营单位就业人口、科技支出和教育支出作为具体指标分别对上述七个要素进行表征（Zhou et al.，2018；Huang et al.，2018），形成韧性成本评估指标体系，见表 3.1（彭翀 等，2021）。

表 3.1　城市韧性成本评估指标体系

目标层	一级指标	二级指标	单位
韧性成本指数	电力要素	全社会用电量	万 kW·h
	水资源要素	供水总量	万 m³
	土地要素	建成区面积	km²
	资本要素	固定资产投资	万元
	劳动力要素	城镇非私营单位就业人口	万人
	科技要素	科技支出	万元
	教育要素	教育支出	万元

2. 韧性能力（产出指标）

本书将经济韧性、社会韧性、工程韧性和生态韧性四个子系统韧性所形成的综合能力定义为城市韧性能力。具体评估指标体系详见《城市与区域韧性：应对多风险的韧性城市》中第 3 章韧性领域测度相关内容。

3. 韧性效率（效率指标）

近年来，我国提出"绿色发展""高质量发展"等发展理念，以实际行动积极践行"长江大保护"战略，致力于推动经济发展质量变革、效率变革和动力变革，加大生态和环境保护力度，统筹推进经济建设、政治建设、文化建设、社会建设和生态文明建设"五位一体"的协调发展。这些举措使城市韧性效率成为值得关注与思考的问题。效率（efficiency）评估来源于经济学，是由生产率（productivity）的概念扩展而来，最初由法雷尔（Farrell）在生产率的相关研究中提出（罗艳，2012）。效率是经济运行的重要概念和核心问题，其经济学含义指的是经济活动中的投入要素转化为产出的有效程度，反映生产要素的有效利用程度（李玲，2012；杨顺元，2006）。尽管现有文献中鲜有直接量化评估城市"韧性效率"的研究，但基于城镇化效率、土地利用效率和生态环境效率的研究成果丰富，在此基础上，可以将韧性效率理解为资源消耗与韧性能力之间的比值关系（Mickwitz et al.，2006），旨在基于有限的资源消耗实现最优的韧性发展（Lin et al.，2022）。显然，韧性效率评估是量化认知韧性与资源之间协调程度的有效途径，对生产要素识别、区域经济布局、区域协调合作和生态环境保护具有积极的理论与现实意义。本小节从"投入-产出"视角，将韧性成本指数（包括电力、水资源、土地、资本、劳动力、科技和教育要素）视为投入，将韧性能力指数视为产出，评估城市韧性效率指数［表 3.2（彭翀 等，2021）］。

表 3.2　城市韧性效率评估指标体系

目标层	一级指标	二级指标	单位
	电力要素	全社会用电量	万 kW·h
	水资源要素	供水总量	万 m³
	土地要素	建成区面积	km²
投入指标	资本要素	固定资产投资	万元
	劳动力要素	城镇非私营单位就业人口	万人
	科技要素	科技支出	万元
	教育要素	教育支出	万元
产出指标	期望产出	韧性能力指数	—

3.1.2　数据来源

本书的韧性成本数据来源于《中国城市统计年鉴 2020》（实际收录 2019 年全国各级城市的主要统计数据）和《中国城市建设统计年鉴 2019》。其中，云南省、贵州省、四川省、湖北省和湖南省中的州数据通过各省统计年鉴、州国民经济和社会发展统计公报获取。鉴于数据的可获取性，本节的研究区域不包括湖北省神农架林区、天门市、仙桃市和潜江市。

3.1.3　评估思路

城市韧性综合评估的总体思路如下。首先，采用基于熵权的逼近理想解排序法（TOPSIS），将韧性成本指标（表 3.1）和韧性能力指标集成为两个综合指数，即韧性成本指数和韧性能力指数。接着，将韧性成本中的全社会用电量、供水总量、建成区面积、固定资产投资、城镇非私营单位就业人口、科技支出和教育支出作为投入指标，将韧性能力指数作为产出指标，借助基于松弛度量（SBM）模型计算韧性效率指数（表 3.2）。然后，将各城市的韧性成本、能力和效率指数作为变量进行韧性聚类分析，探究城市韧性模式（图 3.1）。在此基础上，基于韧性三项指数的计算结果从水平和空间两方面评估韧性现状特征，并跟踪成本、能力和效率的时空演化特征。

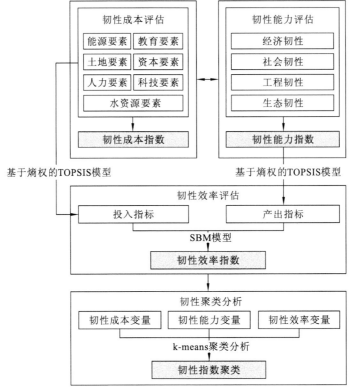

图 3.1　城市韧性效率评估思路
图片来源：彭翀等（2021）

3.2　韧性效率评估方法

1. 基于熵权的 TOPSIS

基于熵权的 TOPSIS 是一种被广泛应用于评估研究的多目标决策方法，其本质是利用熵权法对传统 TOPSIS 评价中的权重确定进行了改进。一方面，熵权法是根据评估指标提供的信息进行客观确权，能够有效消除主观因素带来的影响；另一方面，TOPSIS 计算简便，对样本量无严格要求，且数据的信息丢失较少。鉴于此，本书采用该方法评估韧性成本指数与能力指数。该模型的主要计算步骤如下。

构建评估指标体系矩阵：

$$\boldsymbol{X} = (x_{ij})_{m \times n} \quad (i = 1, 2, \cdots, m; j = 1, 2, \cdots, n) \tag{3.1}$$

式中：i 为被评估对象；j 为评估指标；m 和 n 分别为评估对象和指标的总数。

采用极值法对指标矩阵进行标准化：

$$r_{ij}(x) = \frac{x_{ij} - \min(x_j)}{\max(x_j) - \min(x_j)} \quad (i = 1, 2, \cdots, m; j = 1, 2, \cdots, n) \quad （正向指标） \tag{3.2}$$

$$r_{ij}(x) = \frac{\max(x_j) - x_{ij}}{\max(x_j) - \min(x_j)} \quad (i = 1, 2, \cdots, m; j = 1, 2, \cdots, n) \quad (逆向指标) \quad (3.3)$$

计算信息熵：

$$e_j = -k \sum_{i=1}^{m} p_{ij} \ln p_{ij} \tag{3.4}$$

式中：$p_{ij} = \dfrac{x_{ij}}{\sum\limits_{i=1}^{m} x_{ij}}$；　$k = \dfrac{1}{\ln m}$。

定义指标 j 的权重：

$$w_j = \frac{1 - e_j}{\sum\limits_{j=1}^{n}(1 - e_j)} \tag{3.5}$$

建立归一化的加权矩阵：

$$\boldsymbol{Z} = (z_{ij})_{m \times n}, \quad z_{ij} = w_{ij} \times r_{ij} \quad (i = 1, 2, \cdots, m; j = 1, 2, \cdots, n) \tag{3.6}$$

确定最优解 z_i^+ 和最劣解 z_i^-：

$$\begin{cases} z_i^+ = \max\limits_{j}(z_{ij}) & (i = 1, 2, \cdots, m; j = 1, 2, \cdots, n) \\ z_i^- = \min\limits_{j}(z_{ij}) & (i = 1, 2, \cdots, m; j = 1, 2, \cdots, n) \end{cases} \tag{3.7}$$

计算各方案与最优解/最劣解的欧氏距离：

$$Q_i^+ = \sqrt{\sum_{i=1}^{m}(z_i^+ - z_{ij})^2}, \quad Q_i^- = \sqrt{\sum_{i=1}^{m}(z_i^- - z_{ij})^2} \tag{3.8}$$

计算综合评估指数：

$$C_i = \frac{Q_i^-}{Q_i^+ + Q_i^-} \tag{3.9}$$

式中：C_i 的值越大，表明评估对象越优秀。

2. SBM 模型

城市韧性效率的评估主要采用 SBM 模型。SBM 模型由数据包络分析法（DEA）演化而来。DEA 模型最早由查恩斯（Charnes）于 1978 年提出，是一种评估程序或系统效率的常见方法（Charnes et al., 1978）。传统的 DEA 模型忽略了决策单元（decision-making units，DMUs）中投入的过多和产出的短缺（松弛），且没有考虑非期望产出对决策单元效率的严重影响。因此，托恩（Tone）在此基础上提出了非径向非角度的 SBM 模型（Tone，2001），避免了因松弛和非期望产出带来的潜在误差。与传统模型相比，SBM 模型更能反映评估对象的真实效率。SBM 模型的公式为

$$\rho = \min \frac{1 - \dfrac{1}{N}\sum_{n=1}^{N}\dfrac{\boldsymbol{S}_n^x}{x'_{k'n}}}{1 + \dfrac{1}{M+I}\left(\sum_{m=1}^{M}\dfrac{\boldsymbol{S}_m^y}{y^{t'}_{k'm}} + \sum_{i=1}^{I}\dfrac{\boldsymbol{S}_i^b}{b^{t'}_{k'i}}\right)} \tag{3.10}$$

$$\text{s.t.}\sum_{t=1}^{T}\sum_{k=1}^{K} z_k^t x_{kn}^t + \boldsymbol{S}_m^y = x'_{k'n} \quad (n=1,2,\cdots,N)$$

$$\sum_{t=1}^{T}\sum_{k=1}^{K} z_k^t y_{km}^t - \boldsymbol{S}_m^y = y^{t'}_{k'm} \quad (m=1,2,\cdots,M) \tag{3.11}$$

$$\sum_{t=1}^{T}\sum_{k=1}^{K} z_k^t b_{ki}^t + \boldsymbol{S}_i^b = b^{t'}_{k'i} \quad (i=1,2,\cdots,N)$$

$$z_k^t \geqslant 0, \quad \boldsymbol{S}_n^x \geqslant 0, \quad \boldsymbol{S}_m^y \geqslant 0, \quad \boldsymbol{S}_i^b \geqslant 0 \quad (k=1,2,\cdots,K)$$

式中：ρ 为城市韧性效率；N、M、I 分别为投入的各项资源投入、期望产出、非期望产出[已对逆向指标进行处理,如式(3.1)所示,因此未设置非期望产出]的个数。$\boldsymbol{S}_n^x$、$\boldsymbol{S}_m^y$、$\boldsymbol{S}_i^b$ 分别为投入、期望产出和非期望产出的松弛向量；$x'_{k'n}$、$y^{t'}_{k'm}$、$b^{t'}_{k'i}$ 表示第 k' 个决策单元在 t' 时期的投入产出值；z_k^t 为决策单元的权重。目标函数 ρ 关于 $\boldsymbol{S}_n^x$、$\boldsymbol{S}_m^y$、$\boldsymbol{S}_i^b$ 严格单调递减，$0 < \rho \leqslant 1$；当 $\rho = 1$ 时，决策单元位于效率前沿面上；当 $\rho < 1$ 时，决策单元存在效率损失。

3.3 韧性效率时空分异

3.3.1 韧性效率现状特征

1. 韧性效率水平评估

计算 2019 年长江经济带 126 个城市的韧性效率指数，结果如表 3.3 所示。在此基础上，同样利用自然断裂法将计算结果划分为五个层级，层级划分标准及各层级城市数量详见表 3.4。

表 3.3　2019 年长江经济带城市韧性效率指数计算结果

市（自治州）	韧性效率指数	市（自治州）	韧性效率指数	市（自治州）	韧性效率指数
重庆市	0.03	绵阳	0.08	宜宾	0.06
四川省		广元	0.13	广安	0.11
成都	0.05	遂宁	0.09	达州	0.07
自贡	0.10	内江	0.09	雅安	0.21
攀枝花	0.13	乐山	0.10	巴中	0.13
泸州	0.06	南充	0.07	资阳	0.16
德阳	0.09	眉山	0.11	阿坝藏族羌族自治州	1.00

续表

市（自治州）	韧性效率指数	市（自治州）	韧性效率指数	市（自治州）	韧性效率指数
甘孜藏族自治州	1.00	十堰	0.07	鹰潭	0.19
凉山彝族自治州	0.06	宜昌	0.06	赣州	0.04
贵州省		襄阳	0.04	吉安	0.08
贵阳	0.06	鄂州	0.17	宜春	0.05
六盘水	0.08	荆门	0.08	抚州	0.08
遵义	0.04	孝感	0.05	上饶	0.06
安顺	0.11	荆州	0.05	**上海市**	0.03
毕节	0.06	黄冈	0.05	**江苏省**	
铜仁	0.08	咸宁	0.10	南京	0.05
黔西南布依族苗族自治州	0.11	随州	0.12	无锡	0.06
黔东南苗族侗族自治州	0.10	恩施土家族苗族自治州	0.13	徐州	0.03
黔南布依族苗族自治州	0.10	**湖南省**		常州	0.07
云南省		长沙	0.05	苏州	0.05
昆明	0.06	株洲	0.07	南通	0.04
曲靖	0.05	湘潭	0.09	连云港	0.05
玉溪	0.12	衡阳	0.05	淮安	0.05
保山	0.14	邵阳	0.06	盐城	0.04
昭通	0.08	岳阳	0.05	扬州	0.06
丽江	0.28	常德	0.06	镇江	0.08
普洱	0.18	张家界	0.23	泰州	0.06
临沧	0.19	益阳	0.07	宿迁	0.05
楚雄彝族自治州	0.12	郴州	0.07	**浙江省**	
红河哈尼族彝族自治州	1.00	永州	0.07	杭州	0.05
文山壮族苗族自治州	0.10	怀化	0.07	宁波	0.05
西双版纳傣族自治州	0.36	娄底	0.07	温州	0.05
大理白族自治州	0.09	湘西土家族苗族自治州	0.16	嘉兴	0.08
德宏傣族景颇族自治州	0.42	**江西省**		湖州	0.09
怒江傈僳族自治州	1.00	南昌	0.06	绍兴	0.06
迪庆藏族自治州	1.00	景德镇	0.14	金华	0.10
湖北省		萍乡	0.14	衢州	0.14
武汉	0.05	九江	0.05	舟山	0.30
黄石	0.09	新余	0.16	台州	0.07

续表

市（自治州）	韧性效率指数	市（自治州）	韧性效率指数	市（自治州）	韧性效率指数
丽水	0.16	马鞍山	0.10	阜阳	0.04
安徽省		淮北	0.11	宿州	0.05
合肥	0.05	铜陵	0.19	六安	0.05
芜湖	0.06	安庆	0.05	亳州	0.07
蚌埠	0.06	黄山	0.24	池州	0.18
淮南	0.06	滁州	0.07	宣城	0.11

表3.4　城市韧性效率的层级划分

项目	第一层级 （高效率）	第二层级 （较高效率）	第三层级 （中等效率）	第四层级 （较低效率）	第五层级 （低效率）
划分标准	0.43～1.00	0.25～0.42	0.15～0.24	0.09～0.14	0.00～0.08
城市数量	5	4	13	32	72

从区域水平看，韧性效率指数均值较低，地区水平差异显著。长江经济带的韧性效率指数平均值为0.131 1，表明长江经济带整体产出韧性能力的"性价比"普遍较低。在地区层面，上游、中游和下游地区的韧性效率指数均值分别为0.210 1、0.086 5和0.081 9，上游地区的韧性效率表现良好，其指数均值分别是中游和下游地区的2.43倍和2.57倍，区际差异明显。具体来看，在上游地区，重庆市的韧性效率指数为0.026 2，四川省的韧性效率指数平均值为 0.185 9，贵州省的韧性效率指数平均值为 0.083 4，云南省的韧性效率指数平均值为 0.324 7。在中游地区，湖北省的韧性效率指数平均值为 0.080 0，湖南省的韧性效率指数平均值为 0.085 1，江西省的韧性效率指数平均值为 0.096 1。在下游地区，上海市的韧性效率指数仅为 0.034 6，江苏省的韧性效率指数平均值为 0.054 3，浙江省的韧性效率指数平均值为 0.103 3，安徽省的韧性效率指数平均值为 0.092 7。重庆、上海两个直辖市的韧性效率指数偏低，在126个城市中分别位于第126位和第124位。上游云南省韧性效率表现最佳，下游江苏省韧性效率滞后。

从层级水平看，非核心城市韧性效率较高，城市间垂直层级现象明显。韧性效率（综合效率）反映城市韧性能力发展过程中对资源利用的综合衡量。进一步来看，综合效率可以分解为纯技术效率（pure technical efficiency，PTE）和规模效率（SE），纯技术效率反映韧性成本要素资源配置和利用水平状况，规模效率表征的是韧性规模集聚水平状况。从评估结果来看，第一层级（高效率）包括阿坝藏族羌族自治州、甘孜藏族自治州、怒江傈僳族自治州、迪庆藏族自治州和红河哈尼族彝族自治州 5 个城市，占城市总数的3.97%，均为四川省和云南省的自治州。第二层级（较高效率）包括德宏傣族景颇族自治州、西双版纳傣族自治州、舟山和丽江4个城市，占城市总数的3.17%。可以看出，韧性效率指数较高的城市多为非核心城市。第三层级（中等效率）由黄山、张家界、雅安、鹰潭、铜陵、临沧、普洱、池州、鄂州、新余、资阳、湘西土家族苗族自治州和丽水 13 个城市构成，占城市总数的 10.32%。第四层级（较低效率）城市共计 32 个，占城市总数的 25.40%，包括保山、景德镇、衢州、萍乡、巴中、恩施土家族苗族自治州、攀枝花、广元、玉溪等。第五层级（低效率）包括铜仁、吉安、镇江、六盘水、绵阳、昭通、嘉兴、抚州、荆门、怀化等 72 个城市，占城市总数的 57.14%。由图 3.2 可知，效率指数位序规模分布的双对数拟合曲线斜率的绝对值为 0.75，城市间的韧性效率指数层级分异明显。

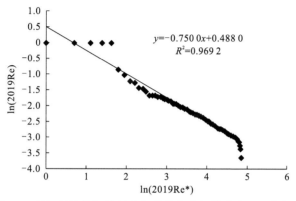

图 3.2　长江经济带韧性效率指数的位序规模分布双对数拟合

2019Re* 为 2019 年各城市韧性效率指数的位序排名

　　从分解效率看，长江经济带整体、地区均受规模效率的制约影响。根据综合效率和纯技术效率（PTE）、规模效率（SE）的散点分布图（图 3.3）来判断分解效率对综合效率的影响程度。由图 3.4 可知，规模效率-综合效率散点更多地位于散点图偏上端，使得这些散点偏离 45°对角线的程度更大，表明长江经济带整体的综合效率受规模效率的制约程度更为明显。进一步地对上中下游三个地区的综合效率进行分解，分解结果显示上游、中游和下游地区的综合效率均主要受到规模效率的制约。

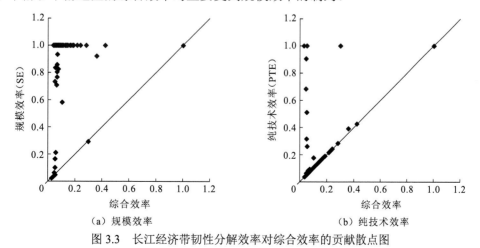

（a）规模效率　　　　　　　　　　　（b）纯技术效率

图 3.3　长江经济带韧性分解效率对综合效率的贡献散点图

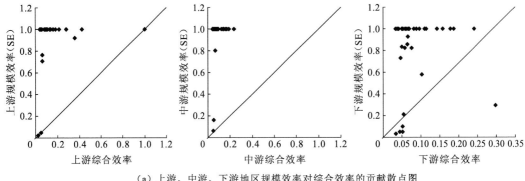

（a）上游、中游、下游地区规模效率对综合效率的贡献散点图

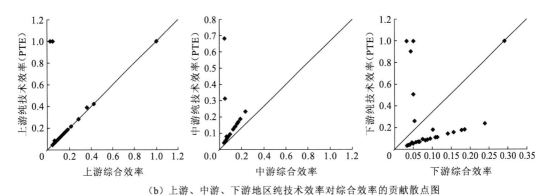

（b）上游、中游、下游地区纯技术效率对综合效率的贡献散点图

图 3.4　长江经济带上游、中游、下游地区韧性分解效率对综合效率的贡献散点图

2．韧性效率空间评估

1）空间格局特征

韧性效率指数（图 3.5）从西部城市向东部城市逐渐降低，上游形态有别于中游、下游。

从整体的角度来看，长江经济带上游、中游和下游地区的韧性效率指数均值分别为 0.210 1、0.086 5 和 0.081 9，与韧性成本指数相反，呈现从西部山地城市向中部内陆城市、东部沿海城市逐渐降低的特征。整体大均衡中孕育着小集聚。中高值效率城市主要位于四川省西部、云南省西南部、贵州省南部和浙江省西南部，另有少部分城市分散于中游三省。韧性较低的城市主要依附中高值城市集聚，呈现出团块状和点状的空间形态。

从地区的角度来看，上游地区韧性效率分布的非均衡特征显著，中高效率城市环形分布。已形成由四川省阿坝藏族羌族自治州、甘孜藏族自治州，云南省迪庆藏族自治州、怒江傈僳族自治州、丽江市、德宏傣族景颇族自治州、红河哈尼族彝族自治州和西双版纳傣族自治州构成的较高值和高值城市集聚的"高效"组团，并与四川省广元市、巴中市、雅安市、资阳市、攀枝花市，云南省大理白族自治州、楚雄彝族自治州、玉溪市、文山壮族苗族自治州，贵州省黔西南布依族苗族自治州、黔南布依族苗族自治州、黔东

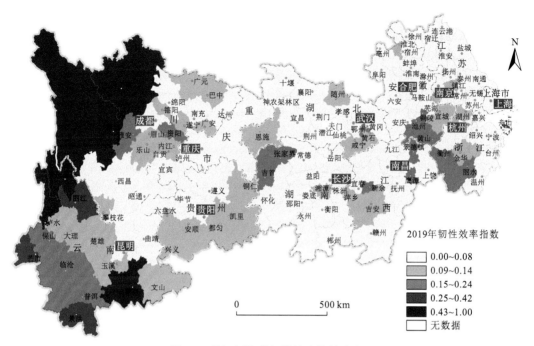

图 3.5　长江经济带韧性效率指数分布

南苗族侗族自治州等城市共同形成中高值城市聚集的环形空间形态。其余低效城市聚集于上游中央区域并形成韧性效率指数低值洼地。中游地区的空间分布呈现"零星突出，整体均衡"的特征。城市韧性效率指数仅处于第三层级（中等效率）至第五层级（低效率），没有处于第一层级（高效率）和第二层级（较高效率）的城市。其中，湖南省张家界市、湘西土家族苗族自治州，江西省新余市、鹰潭市、景德镇市和湖北省鄂州市处于中等效率的层级，成为中游第一梯队，零星分布于各省的省域边缘区域。湖北省恩施土家族苗族自治州、随州市、咸宁市、黄石市，湖南省湘潭市，江西省萍乡市和吉安市处于较低韧性的层级，主要聚集于湖南省中部、江西省西部和湖北省边缘。总的来说，中游地区的韧性效率分布较为均质。下游地区的韧性效率表现出"南高北低"的空间分布特征。与中游地区类似，下游地区没有高效率和较高效率的城市。中等效率的城市包括浙江省丽水市、衢州市，安徽省黄山市和池州市，于浙江省和安徽省交界处形成突出的廊道形态。与周边城市共同形成了明显的"C"字形空间形态，以致整体空间分布南高北低，非均衡特征较为突出。

从城市群的角度来看，在成渝城市群中，中效率和较低效率的城市（如资阳、雅安、遂宁、广安、德阳、内江、眉山、乐山和自贡）密集分布于成都与重庆的中间腹地，其余低效城市（包括成都、绵阳、南充、达州、广安、重庆、泸州和宜宾）均位于城市群边缘，使整个城市群形成低效外环围绕中效组群的空间格局。长江中游城市群的空间分布形态与中游地区一致，可概括为"三角突出+均衡分布"。虽然城市的整体韧性效率均值水平不高，但仍以鄂州、黄石、咸宁形成湖北组团，以湘潭构成湖南核心，以萍乡、新余和吉安形成江西组团。这三个组团同时也是武汉城市圈、环长株潭城市群和环鄱阳湖城市群的城市韧性效率突出区域。长江三角洲的效率分布特征可概括为"西高东低"，即韧性效率指数从安徽省逐渐向江苏省和浙江省降低。从次级区域具体来看，韧性效率相对较高的城市并非为核心城市，避开了合肥都市圈、南京都市圈、苏锡常都市圈、杭州都市圈和宁波都市圈的核心区域，均位于都市圈边缘沿线。

2）空间关联特征

对长江经济带126个城市韧性效率指数的全局和局部空间自相关进行计算。结果表明，韧性效率指数的全局Moran I指数为0.319，且通过5%的显著性水平检验，表明韧性效率表现出较强的空间正相关性，空间带动性尤为明显，城市倾向于同质的城市聚集。

从局部来看，韧性效率同质集聚主导，上游类型多元，中游下游单一。根据Moran散点图的结果，位于四个象限的城市数量分别为13、13、86、14。与韧性成本和能力的空间集聚类似，韧性效率位于低-低（Low-Low，LL）象限的城市数量占比较高，表明在全局正相关中低值与低值的同质集聚突出。位于高-高（High-High，HH）、高-低（High-Low，HL）和低-高（Low-High，LH）象限的城市数量相当，分别占城市总量的10.32%、10.32%和11.11%。结合显著性来看（图3.6），上游集聚类型多元化特征明显，主要以高-高、低-高和低-低集聚为主。具体而言，四川省阿坝藏族羌族自治州、甘孜藏族自治州、雅安市，云南省迪庆藏族自治州、怒江傈僳族自治州、丽江市、保山市和普洱市形成连绵的高-高集聚区；四川省成都市、凉山彝族自治州，云南省大理白族自治州和玉溪市属于低-高集聚区；四川省泸州市和昭通市属于低-低集聚区域。中游和下游地

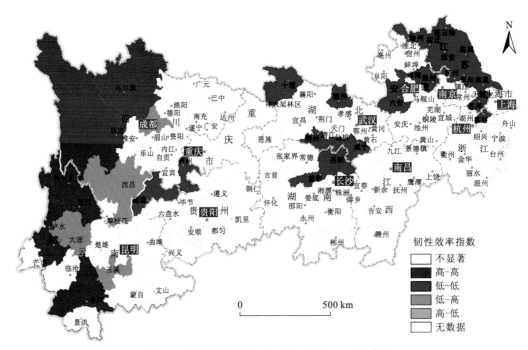

图3.6　韧性效率指数局部自相关的LISA聚类图

区韧性效率的空间集聚类型单一，均为低-低集聚。中游主要包括湖北省随州市、十堰市、荆州市、咸宁市，湖南省益阳市和岳阳市，并于鄂湘交界处形成连片的低值集聚城市组团。下游地区由安徽省六安市、滁州市、淮南市及江苏的大部分城市构成，于安徽省中部和江苏省东北部形成规模较大且连绵的低值集聚区，表现出较强的低效率带动作用。

3.3.2　韧性效率演化特征

1. 时间演化：韧性效率指数均值持续下降，效率层级差异逐渐扩大

2008 年、2012 年、2017 年和 2019 年长江经济带的韧性效率指数均值分别为 0.314 9、0.290 6、0.162 5 和 0.131 1，表明长江经济带产出效率的"性价比"呈现出快速下降的趋势。其中，上游、中游、下游地区的均值由 2008 年的 0.403 6、0.297 7、0.229 2 分别下降至 2019 年的 0.210 1、0.086 5、0.081 9。也就是说，在研究期内，无论是长江经济带整体还是上中下游地区，其韧性效率指数都在下降。从四个时期韧性效率指数层级划分的情况（表 3.5）来看：①第一层级（高效率）的城市数量分别为 28、22、8、5，占城市总数的 22.22%、17.46%、6.35%、3.97%，变化幅度巨大；②第二层级（较高效率）的城市数量分别为 30、27、7、4，占城市总数的比例为 23.81%、21.43%、5.56%、3.17%，变化幅度巨大；③第三层级（中等效率）的城市数量分别为 41、47、21 和 13，占城市总数的比例由 2008 年的 32.54%骤降至 2019 年的 10.32%，变动幅度巨大；④第四层级（较低效率）的城市数量分别为 24、28、37、32，占城市总数的 19.05%、22.22%、29.37%、25.40%，变化幅度较小；⑤第五层级（低效率）的城市数量分别为 3、2、53、72，占城市总数的比例由 2008 年的 2.38%增加至 2019 年的 57.14%，变化幅度巨大。可以看出，效率指数在 0.00～0.08 区间的低效率城市急速增加，而高效率、较高效率和中等效率城市的数量随时间推移呈现出快速减少的趋势。同时，对 126 个城市的韧性效率指数进行位序规模计算，发现其位序规模曲线斜率的绝对值从 2008 年的 0.655 1 上升至 2019 年的 0.750 0。表明高位序的效率领跑城市、中位序的典型城市、低位序的效率滞后城市间的层级差异进一步扩大，长江经济带整体的极核辐射作用强于扁平联动作用。

表 3.5　2008 年、2012 年、2017 年和 2019 年城市韧性效率的层级划分

年份	城市数量				
	第一层级（高效率）0.43～1.00	第二层级（较高效率）0.25～0.42	第三层级（中等效率）0.15～0.24	第四层级（较低效率）0.09～0.14	第五层级（低效率）0.00～0.08
2008	28	30	41	24	3
2012	22	27	47	28	2
2017	8	7	21	37	53
2019	5	4	13	32	72

2. 空间演化：从西部向东部逐渐降低，由均衡走向非均衡分布

在研究期内，长江经济带韧性效率指数的空间分布模式由明显的城市组团集聚演变为单个城市孤立，由三区高值共存蜕变为上游无出其右。在韧性效率指数均值方面，上游地区居首，中游地区居中，下游地区落后，整体呈现出从西向东逐渐降低的空间特征，并从较为均衡的空间分布演变为非均衡格局。根据韧性效率指数的时空分布（图3.7），①高效率城市，韧性效率指数在0.43以上的高值城市由2008年的均衡散点分布演变为2019年的上游西部集聚，多位于区域边缘，受核心城市的辐射带动有限，城镇化与工业化发展水平较低，但其生态环境状况较好，通过极少的资源投入产生了较高的城市韧性，资源消耗与城市韧性的关系协调，促使城市韧性效率较高。②较高效率城市，韧性效率指数在0.25～0.42区间的城市的空间分布变化较大。2008年，主要围绕高效率城市在上游和中游地区呈圈层扩散式布局。上游地区主要于云贵川三省交界处形成城市组群，如曲靖、毕节、贵阳、黔南布依族苗族自治州、宜宾、泸州、自贡等；中游地区则聚集于湘北、赣中和鄂北。随后，韧性效率较高的城市数量开始锐减，至2019年，仅于上游地区边缘呈零星分布。③中等效率城市，韧性效率指数在0.15～0.24区间的中值城市的空间格局变化显著，其数量由2008年的41个降低至2019年的13个，空间分布形态由上中下游大量均衡分布演变为少量点状布局。这些城市离区域核心城市较远，经济发展规模较低，通过较少的资源投入产出了一定的城市韧性，城市韧性效率处于长江经济带中等位序。④较低效率城市，韧性效率指数在0.09～0.14区间的城市主要分布于上游地区边缘、中游地区中部和上游地区南部。随时间推移其集聚范围逐渐扩散形成分散的城市

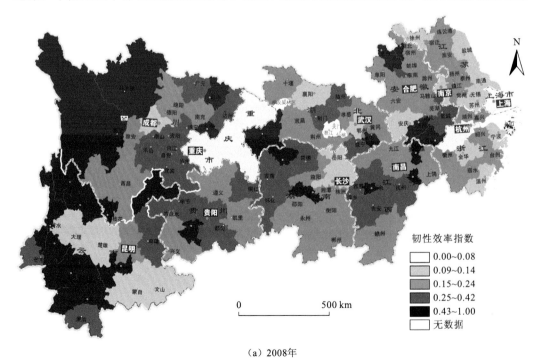

韧性效率指数
□ 0.00～0.08
□ 0.09～0.14
■ 0.15～0.24
■ 0.25～0.42
■ 0.43～1.00
□ 无数据

（a）2008年

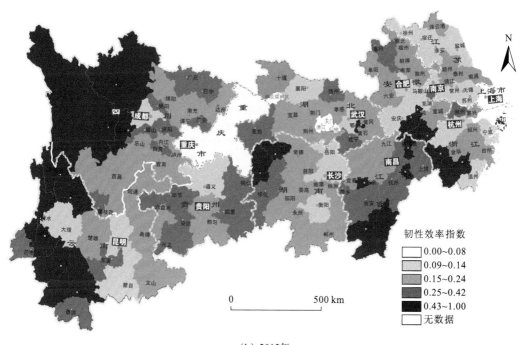

（b）2012年

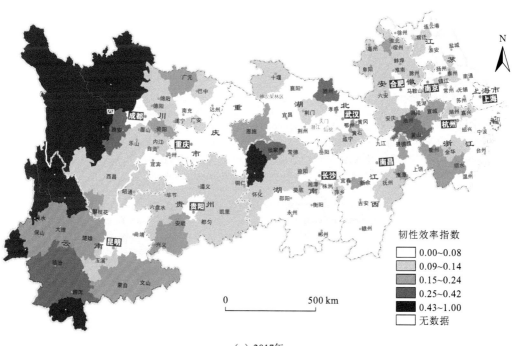

（c）2017年

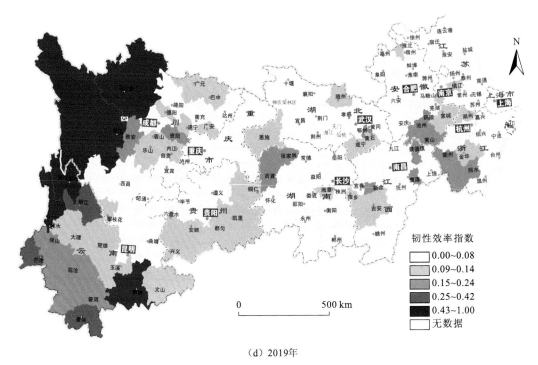

（d）2019年

图 3.7 长江经济带城市韧性效率指数的时空分布

组团。⑤低效率城市，韧性效率指数在 0.08 以下的低值城市主要为省会城市、直辖市及其周边的邻近城市。由 2008 年的若干散点演变为 2019 年的连绵成片，该类城市经济发展水平和城镇化程度较高，是资源消耗的典型集中区域，其资源投入水平与城市韧性产出差距较大，以致城市韧性效率偏低。

为探索韧性效率的空间异质性，对其全局和局部空间自相关进行计算，2008 年、2012 年、2017 年、2019 年韧性效率指数的全局 Moran I 指数分别为 0.248、0.276、0.331、0.319，且通过 5%的显著性水平检验，表明韧性效率存在较强的空间正相关性，且同质空间集聚呈现出先增强后减弱的波动趋势。历年来，位于高-高象限和低-低象限的城市居多，说明韧性效率高值城市趋近与高值城市集聚，低值城市趋近与低值城市抱团发展。结合 LISA 图（图 3.8）进行分析，上游、中游、下游地区表现出差异化的空间集聚模式，其中，空间集聚类型变化不大，而空间集聚规模变化显著。上游地区主要以高-高集聚和低-高集聚为主导，高-高集聚位于四川省与云南省西部，低-高集聚位于成都和凉山彝族自治州，其集聚规模均随时间推移而逐渐扩大。中游地区在研究期间主要表现为低-低集聚，且低-低集聚的范围在急速扩大后逐渐缩减。至 2019 年，低-低集聚主要位于湖北、湖南两省交界处。下游地区以低-低集聚为主导，集聚区域多数位于江苏省东部和浙江省南部。随时间推移，低-低集聚的范围逐渐缩小，集聚区域逐渐推移至江苏省东部。

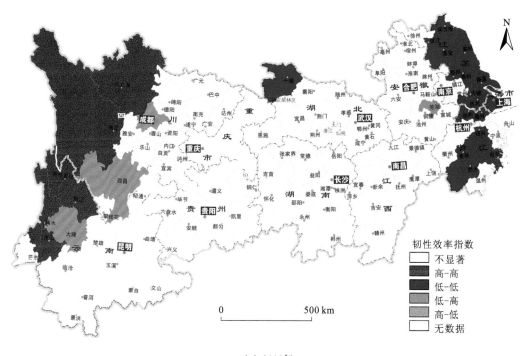

（a）2008年

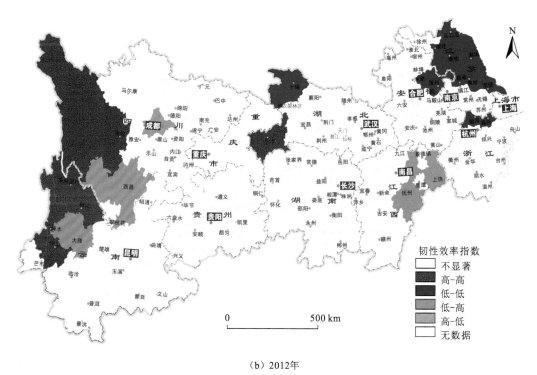

（b）2012年

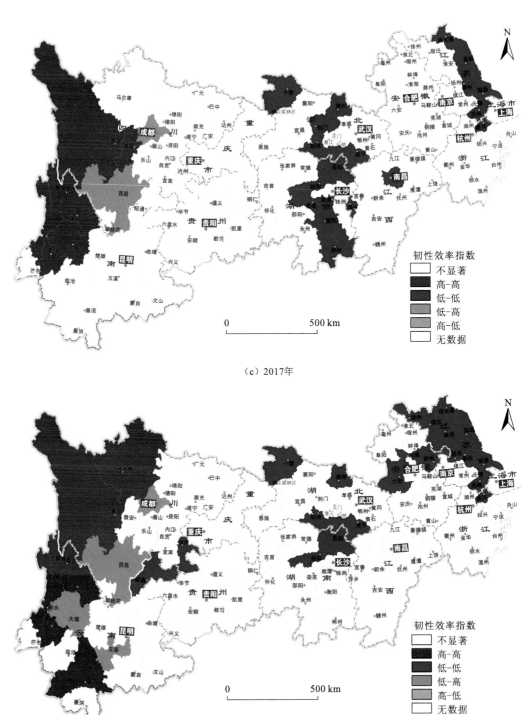

（c）2017年

（d）2019年

图 3.8 长江经济带城市韧性效率指数 LISA 聚类图演变

3.4 韧性效率聚类特征

在识别韧性效率特征的基础上，为进一步探究韧性成本、能力、效率三者间的关联，将成本指数、能力指数、效率指数作为变量对长江经济带 126 个城市进行 k-means 聚类分析。

3.4.1 韧性水平聚类

首先，对三项指数进行聚类，当聚类数为 5 时聚类结果保持稳定。接着，计算这五种类型城市的成本、能力和效率指数平均值，并根据自然断裂法进行所属等级的划分，得到如下结果（表 3.6）。最后，以"韧性成本（resource consumption，RC）、韧性能力（urban resilience，UR）和韧性效率（resilience efficiency，RE）"作为"RC-UR-RE"轴构建长江经济带城市韧性聚类模式图。

表 3.6 长江经济带韧性成本-能力-效率的聚类结果及分类均值

分类	成本均值	能力均值	效率均值	成本均值等级	能力均值等级	效率均值等级	城市数量	代表城市（自治州）
第一类	0.15	0.26	0.08	中等	较高	低	14	贵阳、昆明、长沙、南昌、无锡、常州、南通、温州、嘉兴、绍兴、金华、舟山、台州和合肥
第二类	0.41	0.45	0.05	较高	高	低	7	重庆、成都、武汉、南京、苏州、杭州和宁波
第三类	0.88	0.67	0.03	高	高	低	1	上海
第四类	0.02	0.21	1.00	低	中等	高	5	阿坝藏族羌族自治州、甘孜藏族自治州、红河哈尼族彝族自治州、怒江傈僳族自治州和迪庆藏族自治州
第五类	0.05	0.11	0.10	低	低	较低	99	自贡、攀枝花、泸州、德阳、遵义、安顺、毕节、曲靖、玉溪、保山、昭通、黄石、十堰、荆州、株洲、新余、淮安、盐城、铜陵、安庆等

第一类城市，中等成本、较高能力、低效率。韧性成本、能力和效率指数的平均值分别为 0.15、0.26、0.08，城市数量为 14 个，包括贵阳、昆明、长沙、南昌、无锡、常州、南通、温州、嘉兴、绍兴、金华、舟山、台州和合肥，占城市总量的 11.11%。该类城市在消耗中等资源的同时产出了较高的城市韧性能力，但呈现出低水平的韧性效率，主要由中西部地区的省会城市以及浙江省和江苏省的部分核心城市构成。第二类城市，较高成本、高能力、低效率。韧性成本、能力和效率指数的平均值分别为 0.41、0.45、0.05，包括重庆、成都、武汉、南京、苏州、杭州和宁波 7 个城市，占城市总量的 5.56%。

该类城市主要为直辖市、省会城市和东部地区重要的核心城市，在投入较高的资源成本后获得了高水平的韧性能力，但韧性效率仅达到长江经济带的末端位序，其投入成本存在较大的缩减空间。第三类城市，高成本、高能力、低效率。城市数量仅有1个，为上海。韧性成本和韧性能力指数平均值分别为0.88和0.67，即在投入极高成本和产出极高能力的条件下其韧性效率指数为0.03，处于低效率水平。从上海的韧性成本、能力和效率指数来看，在保持现有韧性能力的前提下，通过高质量发展实现成本缩减和能效提升是其未来的主要关注重点。第四类城市，低成本、中等能力、高效率。该类城市韧性成本、能力和效率指数平均值分别为0.02、0.21、1.00，城市数量为5个，占城市总量的3.97%。该类城市包括阿坝藏族羌族自治州、甘孜藏族自治州、红河哈尼族彝族自治州、怒江傈僳族自治州和迪庆藏族自治州，主要由四川省和云南省的自治州构成。该类城市的资源消耗程度极低，在投入相对其他城市而言的极少成本后产出了一定的韧性能力，因而得到高水平的韧性效率。需要注意的是，此类城市的高效率是在极低投入、中等产出条件下的片面高效。因此，为进一步提高该类城市的韧性能力，其资源成本投入与韧性能力产出的结构优化将成为保持高效的关键。第五类城市，低成本、低能力、较低效率。该类城市主要包括自贡、攀枝花、泸州、德阳、遵义、安顺、毕节、曲靖、玉溪、保山、昭通、黄石、十堰、荆州、株洲、新余、淮安、盐城、铜陵、安庆等在内的99个城市，主要为各省份的非核心城市，占长江经济带城市总量的78.57%。表明长江经济带大部分城市在消耗较少资源后呈现出低水平抵御扰动的能力，韧性效率较低，是现阶段长江经济带城市韧性呈现出的典型类型。

3.4.2　韧性空间聚类

前文对空间格局和空间关联特征的解析有助于认知韧性三项指数各自的空间分布与集聚异质特征，但尚未将韧性成本、能力和效率三者进行空间耦合观察并探究其分异特征。发现五类城市呈现出以下特征。

第一类是中等成本、较高能力、低效率的城市。主要由若干核心城市和多数一般城市构成，其空间分布的非均衡性突出，具有明显的区际分异特征。具体来看，上游和中游地区的第一类城市由省会城市构成，包括贵州贵阳、云南昆明、湖南长沙和江西南昌，呈现稀疏点状的空间分布形态。下游地区主要由安徽合肥以及浙江省和江苏省的一般或次级核心城市构成，包括浙江绍兴、浙江金华、浙江台州、浙江温州、江苏南通、江苏无锡和江苏常州，并表现为连绵的廊道条状集聚。第二类是较高成本、高能力、低效率的城市。主要由直辖市、省会城市及其近域核心城市构成，上游为重庆和四川成都，中游是湖北武汉，下游则包括江苏南京、江苏苏州、浙江杭州和浙江宁波四个城市。该类城市的数量较少，在长江经济带上整体呈现出均衡散点的分布特征。第三类是高成本、高能力、低效率的城市，为上海。位于长江经济带下游，由于其韧性聚类的特殊性呈现为孤点核心。第四类是低成本、中等能力、高效率的城市，该类城市聚集于上游地区，阿坝藏族羌族自治州、甘孜藏族自治州、怒江傈僳族自治州和迪庆藏族自治州四个城市抱团集聚，云南红河哈尼族彝族自治州孤点分布。第五类是低成本、低能力、较低效率的城市，该类城市数量多达 99 个，呈现出连绵连片的分布形态。其中上游、中游和下游地区第五类城市的数量分别为 38、35、26 个，可以看出上游和中游地区占比 73.74%，表现出较为明显的上中游集聚性。前文提到，第五城市由于数量众多成为长江经济带城市韧性模式的典型类型，而上中游地区的城市韧性优化则是此类韧性模式的主要突破，也是继而带动经济带韧性提升的重点关注对象。

3.4.3 韧性聚类特征

基于韧性聚类结果及其空间分布特征分析，对上游、下游、中游三个地区及九省二市的韧性成本、能力、效率指数均值进行梳理，得到流域区和行政区的韧性指数均值及其特征（图 3.9、表 3.7）。

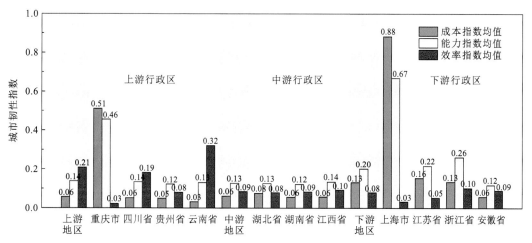

图 3.9 流域区和行政区的韧性成本、能力和效率指数均值

表 3.7 流域区和行政区的韧性成本、能力和效率指等级和特征

区域	成本均值等级	能力均值等级	效率均值等级	特征
上游地区	较低	较低	中等	低耗低能中效
重庆市	较高	高	低	
四川省	较低	较低	中等	资源消耗、韧性能力多元下的效率多样化
贵州省	低	较低	低	
云南省	低	较低	较高	
中游地区	较低	较低	较低	低耗低能低效
湖北省	较低	较低	低	
湖南省	较低	较低	较低	资源消耗、韧性能力相近下的结构趋同化
江西省	较低	较低	较低	

续表

区域	成本均值等级	能力均值等级	效率均值等级	特征
下游地区	中等	中等	低	中耗中能低效
上海市	高	高	低	
江苏省	中等	中等	低	资源消耗、韧性能力多元下的效率趋同化
浙江省	中等	较高	较低	
安徽省	较低	较低	较低	

从流域区来看，①上游地区的韧性模式由第五类城市（低成本、低能力、较低效率）主导，第四类城市（低成本、中等能力、高效率）次之，重庆、成都、昆明和贵阳四个核心城市的韧性能力突出而韧性效率落后。从指数看，上游地区的韧性成本、能力和效率指数平均值分别为 0.06、0.14 和 0.21，根据其所对应的等级划分，可将上游地区的韧性模式特征概括为"低耗低能中效"。②在中游地区，长沙和南昌属于第一类城市（中等成本、较高能力、低效率），武汉属于第二类城市（较高成本、高能力、低效率）。除武汉、长沙和南昌三个省会城市以外，其余城市均为低成本、低能力和较低效率的第五类城市。反映在指数上，三项韧性指数均值分别为 0.06、0.13 和 0.09，所对应的等级为较低成本、较低能力和较低效率。因此，中游地区的韧性模式主要为"低耗低能低效"。③下游地区以第五类和第一类城市为主，第二类城市次之，上海则表现为高消耗和高能力下的低效。从数值统计上看，下游地区三项韧性指数均值分别为 0.13、0.20、0.08，根据其分别所对应的等级，可将下游韧性模式概括为"中耗中能低效"。

从行政区来看，上游、下游与中游地区的韧性模式具有显著差异。①上游重庆市、四川省、贵州省和云南省的韧性成本分别为 0.51、0.06、0.05 和 0.03，韧性能力指数分别为 0.46、0.14、0.12 和 0.13，韧性效率指数分别为 0.03、0.19、0.08 和 0.32。上述三省一市的资源消耗和韧性能力指数之间的差异较大，尤以资源消耗水平的差异突出，因而导致各行政区划的韧性效率水平呈现多元化特征。以重庆市和云南省为例，重庆市的韧性成本和能力指数领跑，分别是云南省的 17 倍和 3.54 倍；而云南省的韧性效率则是重庆市的 10.67 倍。因此，上游行政区的韧性模式主要表现为资源消耗、韧性能力多元下的效率多样化。②中游湖北省、湖南省和江西省的韧性成本指数分别为 0.08、0.06 和 0.06，韧性能力指数分别为 0.13、0.12 和 0.14，韧性效率指数分别为 0.08，0.09 和 0.10。可以看出，中游三省在三项韧性指数结构上十分接近，均衡化特征显著，其韧性模式呈现出资源消耗和韧性能力相近下的结构趋同化。③下游上海市、江苏省、浙江省和安徽省的韧性成本指数分别为 0.88、0.16、0.13 和 0.06，韧性能力指数分别为 0.67、0.22、0.26 和 0.12，韧性效率指数分别为 0.03、0.05、0.10 和 0.09。数据表明，上游三省一市在资源消耗和韧性能力方面所属层级多元，包括上海市高成本-高能力、江苏省中等成本-中等能力、浙江省中等成本-较高能力和安徽省较低成本-较低能力。在多层级的成本和能力指数下，上述行政区的韧性效率却表现出趋同化，均处于低效率或较低效率的层级中。因此，下游行政区韧性模式可概括为资源消耗、韧性能力多元下的效率趋同化。

第4章 基于交互机制的韧性耦合评估

韧性能力作为一个由经济、社会、工程和生态韧性多个维度高度集成的综合系统，涉及跨维度的动态转换和交互影响（Heinimann et al.，2017；Adger，2016；Pickett et al.，2014；Simmie et al.，2010）。经济韧性旨在抵御和消化由经济动荡所引发的不确定性，为其他子系统韧性的发展提供稳定的财政基础、强大的物质支撑和持续的科技创新；社会韧性侧重于减少因经济、政治和人口问题带来的负面影响，为经济和工程韧性子系统提供充足且高质量的劳动力储备，并通过营造安全、公平、稳定的社会环境来促进其他子系统的发展与提升；工程韧性提供冗余多元的基础设施和充足弹性的应急资源，减少因洪涝、地震、交通事故等突发灾害所致的影响。高韧性的工程子系统能够促进劳动力的流动迁徙、生产资料的高效整合和信息的快速传播，进而提升其他子系统的高质量发展。生态韧性指的是在快速城镇化和工业化过程中解决环境问题及其危害的能力，以确保城市在面对扰动时的适应性。生态韧性子系统与其他三个子系统之间存在千丝万缕的联系，尤以需要依赖自然资源才能进行的工业生产、社会服务或基础建设为甚。同时，人类活动所主导的生态系统在为经济社会发展提供能源、水资源和其他生产资料的同时，也在不断遭受着环境退化、城市污染和资源浪费。这意味着韧性能力的可持续发展绝非仅仅依赖其子系统自身的强大，而是需要兼顾子系统之间的耦合协调发展，实现"1+1＞2"的正协同效应。

鉴于此，形成城市群韧性的内部交互研究思路。首先利用基于熵权的 TOPSIS 评估经济、社会、工程和生态四个子系统的韧性水平，分析其时空演化特征。在此基础上，借助耦合协调度模型（coupling coordination degree model，CCD），分别从韧性四个子系统总体耦合、两两子系统成对耦合两个层面，探索韧性内部的交互关系及其时空分异特征。

4.1 韧性交互测度思路

4.1.1 评估指标

经济韧性、社会韧性、工程韧性和生态韧性四个子系统韧性的评估指标体系详见《城市与区域韧性：应对多风险的韧性城市》中"第3章韧性领域测度"相关内容。

4.1.2　研究方法

1. 子系统总体耦合

耦合度（degree of coupling）的概念源于物理学，用以表征不同系统间相互作用和影响的程度（Cheng et al.，2019），其基本的计算逻辑是：当两个系统评估值之和固定时，两者的评估值越接近，耦合度越高。可以通过寻求任意两个系统间耦合度的最大来实现多个系统间耦合度的最大（丛晓男，2019）。由于该模型具有概念明确、方法简练和计算简单的特点，耦合度在社会科学、经济地理、城乡规划等领域得到广泛应用，通常被用来探索两个以上的经济、社会或生态系统间的交互关系。然而，耦合度模型仅能反映系统间相互作用程度的大小，而不能较好地刻画系统各自发展水平的高低。为了弥补这一局限，耦合协调度（coupling coordination degree）的分析方法被提出用以更好地识别系统间耦合的协调程度（Dong et al.，2021）。

耦合协调度模型的计算步骤如式（4.1）～式（4.3）所示：

$$C = 4 \times \left[\frac{E_n \cdot S \cdot I \cdot E_l}{(E_n + S + I + E_l)^4} \right]^{\frac{1}{4}} \tag{4.1}$$

式中：C 为各空间单元经济-社会-工程-生态韧性的耦合度，$C \in [0,1]$，C 值越大，表明子系统韧性间相互作用的强度越大；E_n、S、I、E_l 分别为经济韧性、社会韧性、工程韧性和生态韧性指数，通过基于熵权的 TOPSIS 求得。

在此基础上，采用协调度模型评估韧性能力子系统间的协调程度：

$$D = \sqrt{C \times T} \tag{4.2}$$

$$T = \alpha E_n + \beta S + \gamma I + \delta E_l \tag{4.3}$$

式中：D 为耦合协调度；T 为经济、社会、工程、生态韧性的综合评估指数，通过对四个子系统韧性加权求和计算得到；α、β、γ、δ 分别为经济、社会、工程、生态韧性的权重系数，且 $\alpha + \beta + \gamma + \delta = 1$。通常，韧性能力的子系统被视为具有同等的重要性，因此，取值 $\alpha = \beta = \gamma = \delta = 1/4$。

2. 子系统成对耦合

进一步地，对韧性能力子系统间的成对耦合进行探索，将式（4.1）～式（4.3）简化为

$$C_m = 2 \times \left[\frac{R_1 \cdot R_2}{(R_1 + R_2)^2} \right]^{\frac{1}{2}}, \quad D_m = \sqrt{C_m \times T_m} \tag{4.4}$$

式中：C_m 为任意两个子系统间的耦合度；R_1 和 R_2 为经济韧性、社会韧性、工程韧性和生态韧性指数中的任意两个；D_m 为任意两个韧性子系统间的耦合协调度；T_m 为任意两个韧性子系统的综合评估指数，即任意两个韧性子系统指数的平均值。

4.2　韧性领域分项水平

在探究城市群经济韧性、社会韧性、工程韧性和生态韧性之间的交互关系之前，有必要对四个子系统的韧性发展水平进行测度与识别。采用基于熵权的逼近理想解排序法（TOPSIS），基于 2008 年、2012 年、2017 年和 2019 年四个时间断面的数据，对长江经济带 126 个城市的子系统韧性能力进行测度计算。计算结果采用自然断裂法进行层级划分，并将研究期末（即 2019 年）的划分结果作为依据处理其他年份的计算结果。

4.2.1　子系统水平的时空演化

1. 经济韧性

长江经济带 2008 年、2012 年、2017 年和 2019 年经济韧性指数的平均值分别为 0.123 0、0.131 8、0.160 9 和 0.154 4，表明经济韧性能力呈现出先升后降、整体上升的趋势。2008～2012 年城市经济韧性指数的增幅为 7.15%，2012～2017 年的增幅达到了 22.08%，2017～2019 年开始降低，下降幅度为 4.04%。进一步看，上游地区在四个时期的均值分别为 0.076 7、0.084 0、0.105 6 和 0.101 7，中游地区为 0.089 4、0.096 1、0.123 0 和 0.117 2，下游地区为 0.207 5、0.219 9、0.259 7 和 0.249 5。这意味着上中下游三个地区与长江经济带整体的趋势一致，均表现为先升后降但整体上升的态势。从地区指数差距来看，下游地区均值持续领先，中游地区均值略高于上游地区，但两者的差距不大。从空间分布来看（图 4.1），经济韧性指数整体上从东部向中西部逐渐降低，呈现出"东部高、中西部低"的分布特征。2008 年，其空间分布以高值城市及其周边城市的点状分布为主导，包括省会、直辖市和东部沿海城市；2012 年，空间分布格局变化不大，高值城市推动周边区域的经济韧性指数不断提升；2017 年，中高值城市的占比持续增长，主要分布于中下游地区，并形成明显的空间集聚区，上游地区仍分布较多数量的低值城市。2019 年，中低值韧性城市不增反减，主要发生于江西省北部和安徽省西部。

2. 社会韧性

四个代表年份的社会韧性指数的平均值分别为 0.103 0、0.094 5、0.090 7 和 0.113 3，表现出先降后升、整体上升的态势。其中，上游地区四个代表年份的社会韧性指数均值分别为 0.079 5、0.071 4、0.071 9 和 0.090 6，中游地区分别为 0.100 9、0.091 2、0.075 8 和 0.094 4，下游地区为 0.132 4、0.124 6、0.126 1 和 0.157 0。从地区差距来看，社会韧性指数下游地区领先，中游地区居中，上游地区落后。值得注意的是，上游、下游地区与长江经济带整体的趋势一致，呈现为先降后升、整体上升的趋势；中游地区虽也是先降后升，但在研究期间呈现出整体下降的趋势。在空间上（图 4.2），社会韧性指数从东部向中西部降低，其时空变化较小，主要由上游和中游地区高值城市引领的核心集聚和

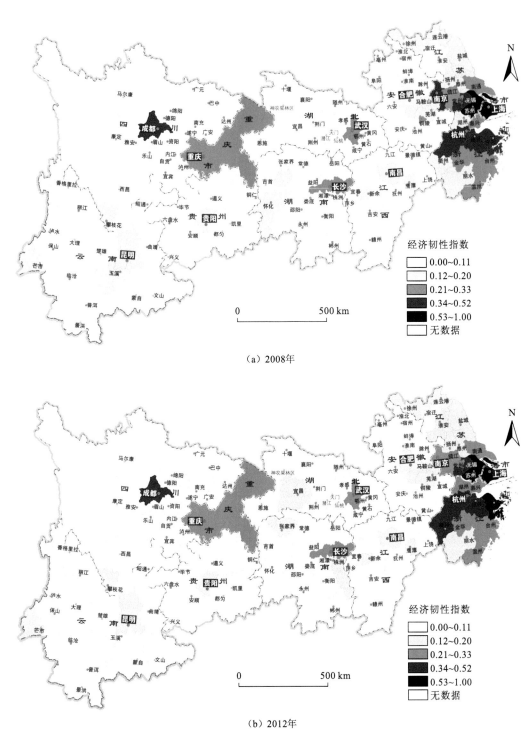

（a）2008年

（b）2012年

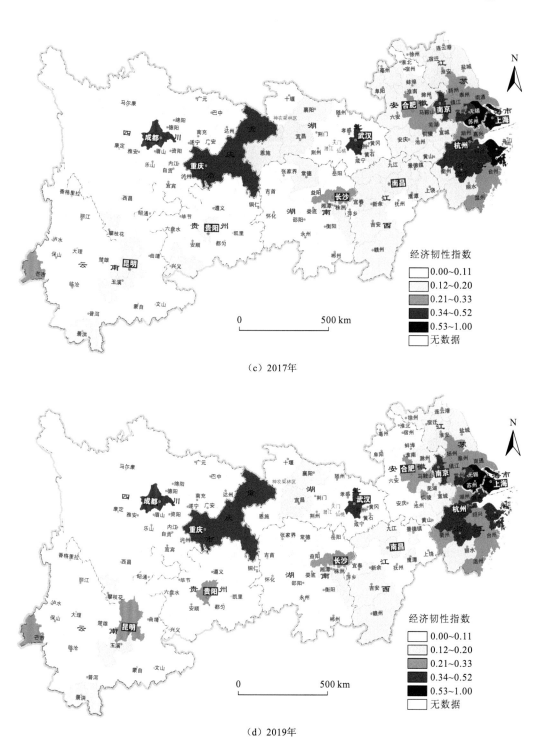

（c）2017年

（d）2019年

图 4.1 经济韧性的时空分布

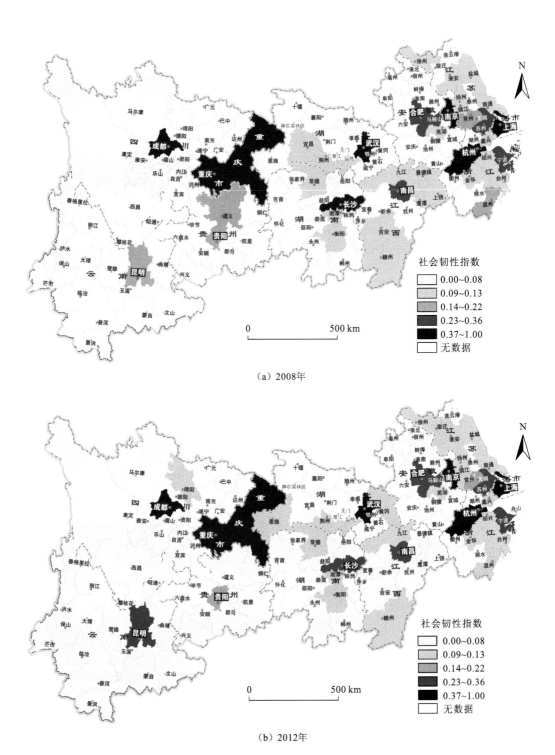

（a）2008年

（b）2012年

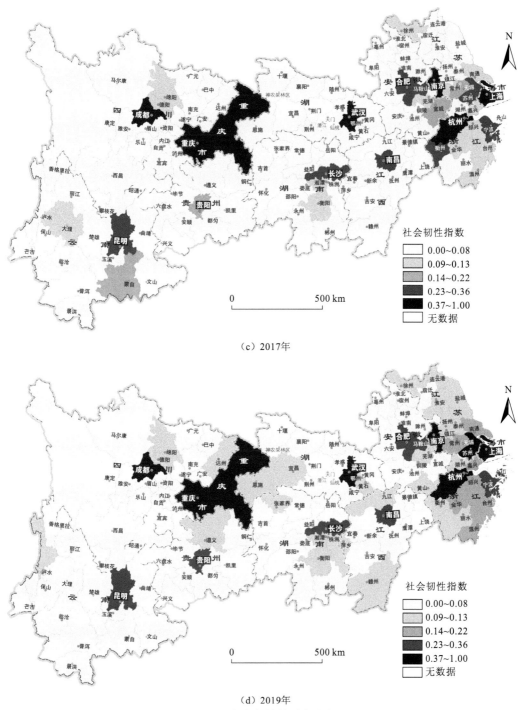

（c）2017年

（d）2019年

图 4.2　社会韧性的时空分布

下游地区中高值城市连绵组团构成。具体来看，2008 年，社会韧性指数的中高值城市主要为省会、直辖市及中下游地区的部分城市，并形成簇状散点分布的集聚区。2012～2017年，中高值城市的数量持续减少并伴随着低值城市的增加，主要为省会、直辖市及其周边的邻近城市。随着中高值城市的持续减少，仅有上游地区东部呈现出一定程度的空间集聚。2019 年，重庆、武汉、南昌、长沙、杭州、上海等城市的辐射带动作用明显，其周边的社会韧性指数开始上升并形成散布的集聚组团。从长江经济带整体来看，省会城市或核心城市的社会韧性较高，低值城市居多。

3. 工程韧性

在研究期间，工程韧性指数呈现出持续的快速上升。2008 年、2012 年、2017 年和 2019 年的平均值分别为 0.169 0、0.222 2、0.306 6 和 0.369 7。2008～2019 年，城市工程韧性指数的增幅高达 118.76%。具体来看，2008 年，上游、中游和下游地区的平均值分别为 0.135 9、0.137 6 和 0.236 0；2012 年，三个地区的均值分别为 0.175 0、0.189 8 和 0.306 6；2017 年三个地区的均值分别为 0.280 7、0.241 4 和 0.396 0；2019 年三个地区的均值达到 0.332 9、0.326 0 和 0.452 2。很明显地，下游地区的社会韧性能力持续领先；上游地区和中游地区处于交替超越的状态，上游地区在 2008 年和 2012 年略低于中游地区，在 2017 年反超了中游地区并保持稳定上升。在空间分布方面（图 4.3），长江经济带的工程韧性指数表现为上游、下游地区中高值城市集聚、中游地区低值城市集聚，整体呈现出"东部和西部突出、中部塌陷"的非均衡格局。2008 年，中高值城市主要以省会城市、直辖市、浙江省北部和江苏省南部的城市为主。2012 年，上游和中游地区的空间分布变化不大，下游地区中高值城市的数量则快速增加，形成连绵的空间集聚，下游南部城市的工程韧性指数进一步上升。2017 年，地区差异陡然扩大，中高值城市主要集中于上游地区外围、中游地区南部和下游地区。至 2019 年，上游地区北部城市的工程韧性指数逐渐下降，整体保持外围城市组团串珠集聚的特征；中游地区触底反弹，工程韧性

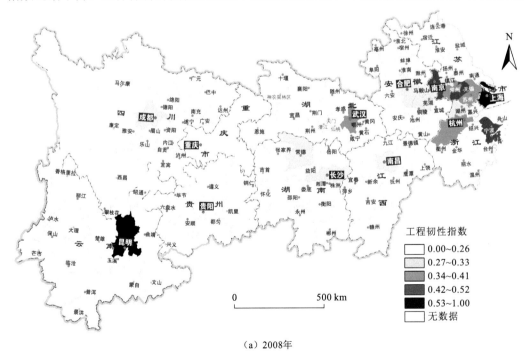

工程韧性指数
- ☐ 0.00～0.26
- ☐ 0.27～0.33
- ▨ 0.34～0.41
- ▨ 0.42～0.52
- ■ 0.53～1.00
- ☐ 无数据

（a）2008 年

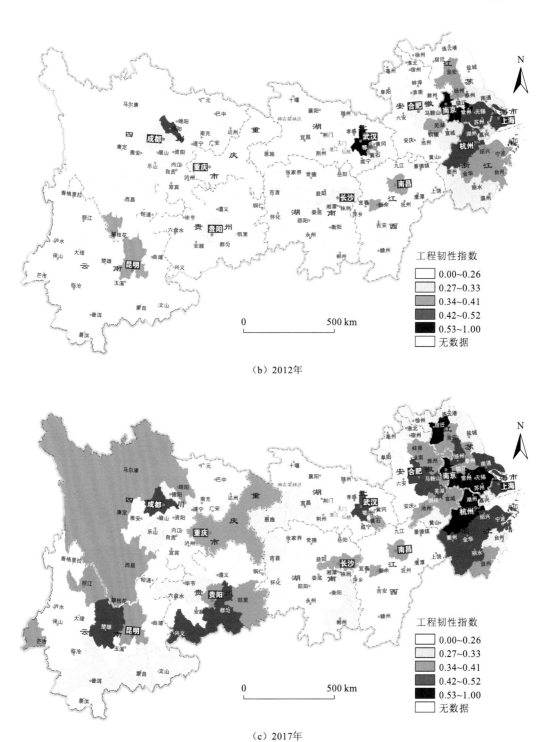

（b）2012年

（c）2017年

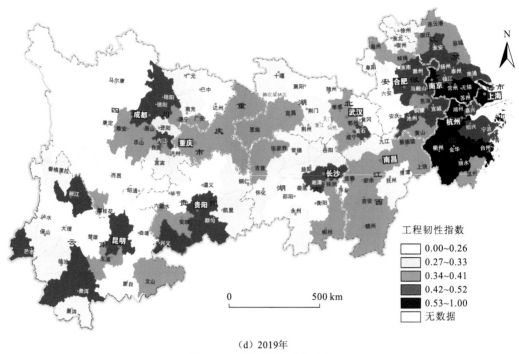

（d）2019年

图 4.3　工程韧性的时空分布

能力逐渐升高，中部塌陷的格局被削弱；上游地区的中高值城市持续增加，核心城市组团的规模得到进一步扩大。

4. 生态韧性

四个代表年份生态韧性指数的均值分别为 0.145 6、0.163 9、0.208 1 和 0.173 5，与经济韧性指数的变化类似，呈现出先升后降、整体上升的趋势。从地区水平来看，2008年上游、中游和下游地区的均值分别为 0.155 1、0.126 1 和 0.152 1，2012 年分别为 0.177 6、0.154 2 和 0.156 4，2017 年分别为 0.239 4、0.140 5 和 0.232 6，2019 年分别为 0.220 7、0.161 0 和 0.129 6。可以看出，就水平差距而言，上游地区的生态韧性均值持续居首，下游地区紧随其后，但在 2019 年被中游地区超越。从时间演化来说，三个地区的态势变化各具差异。上游地区的生态韧性能力经历了先升后降的过程，期末与期初对比来看表现为整体上升的趋势；中游地区呈现出"上升—下降—上升"的波动变化，整体表现出上升趋势；值得注意的是，下游地区先上升后降低，但整体呈现出下降趋势。在空间格局方面（图 4.4），生态韧性的空间分布发生了较大变化，"由西部山区城市、东部沿海城市向中部内陆城市逐渐降低"转变为"从西向东逐渐降低"。具体来说，2008～2012 年的空间分布变化程度较小，中高值城市集中分布于东部和西部，零星散布于中部。随着时间推移，中部省会城市周边和赣南的生态韧性逐渐上升；2012～2017 年的空间格局变化程度较大，上游和下游地区的中高值城市推动周边邻近城市的生态韧性指数不断上升，形成联系紧密的集聚区域，表现出明显的扩散效应。需要注意的是，核心城市的生态韧性在此过程中呈现出持续降低的趋势；由于上游和下游两端的持续攀升，中游地区形成低值均衡集聚的洼地。2019 年，上游地区生态韧性水平稍有下降，整体分布格局变化不大；中游地区不降反升，与赣南地区形成集聚连绵区域；下游地区由"北高南低"变为"北低南高"，空间格局变化巨大。

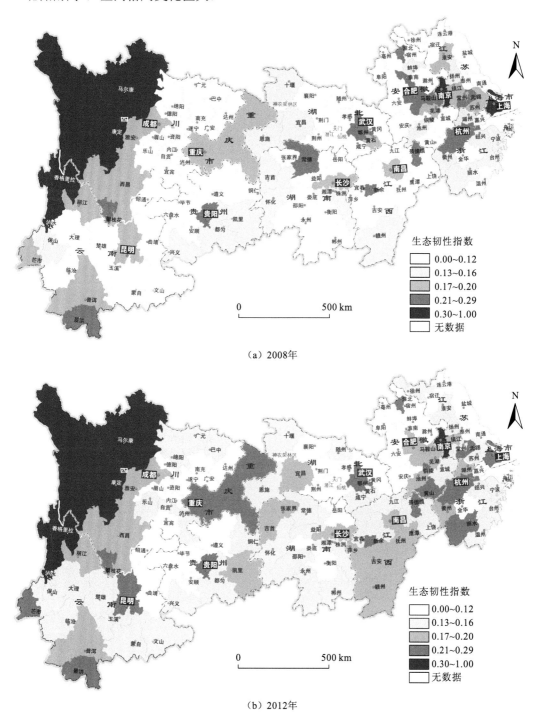

（a）2008 年

（b）2012 年

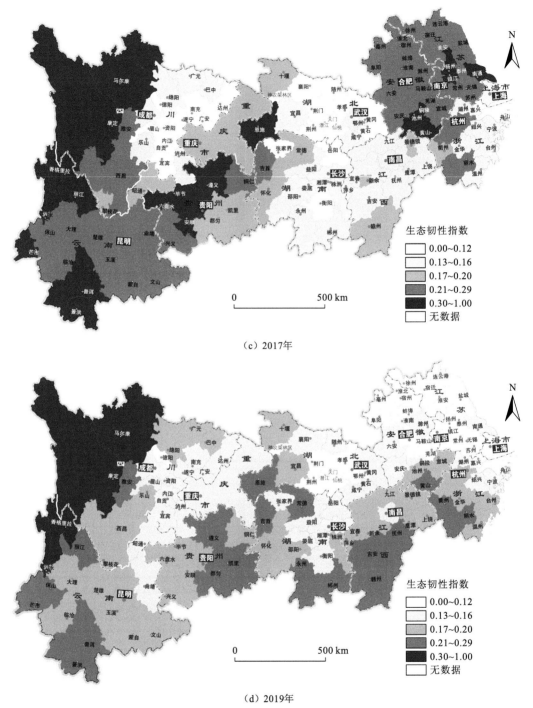

（c）2017年

（d）2019年

图 4.4　生态韧性的时空分布

5. 演化特征

总体来说，在长江经济带的整体层面，研究期内经济、社会、工程、生态韧性指数都呈现出整体上升趋势，经济韧性和生态韧性是先升后降，社会韧性是先降后升，工程韧性则是持续上升（图 4.5）。四个子系统韧性横向比较的结果显示，长江经济带整体的工程韧性持续领先，生态韧性紧随其后，经济韧性次之，社会韧性最后。

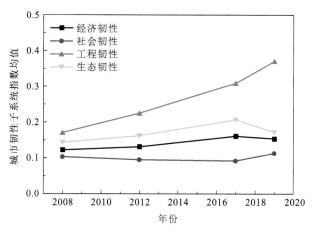

图 4.5　长江经济带韧性能力子系统指数均值的时间演化

　　从地区层面来看，在经济韧性方面，上游、中游和下游地区的指数均表现为先升后降、整体上升的趋势，下游地区＞中游地区＞上游地区。其空间分布模式是由东部沿海城市向中西部内陆城市降低。在社会韧性方面，上游和下游地区的指数先降后升、整体上升，中游地区则表现为先降后升、整体下降，下游地区＞中游地区＞上游地区。空间分布模式与经济韧性类似。在工程韧性方面，三个地区均持续增长，下游地区持续领先，中游地区被上游地区超越，中游地区位于最后。其空间分布是由东向西降低逐渐转变为由东部沿海、西部山区向中部内陆城市降低。在生态韧性方面，上游和中游地区呈现出波动变化、整体上升的态势，而下游地区则是先升后降、整体下降。从地区差异来看，上游的生态韧性指数持续领跑，中游地区反超下游地区，下游位于最后。生态韧性指数的空间分布模式表现为由东部、西部向中部降低转变为由西部向东部降低。值得注意的是，通过上述总结可以看出，中游地区的社会韧性、下游地区的生态韧性在其他两个地区的子系统韧性持续增强或整体上升时不升反降，呈现出整体下降的趋势。

4.2.2　子系统水平的类型演化

　　进一步地，对每个城市的经济、社会、工程、生态韧性 4 个指数从大到小排序和整理，并将研究区域的韧性模式划分为经济韧性领先型、社会韧性领先型、工程韧性领先型和生态韧性领先型 4 个大类和 24 个小类（表 4.1 和图 4.6）。结果表明：①从大类来看，长江经济带的城市总体上由以"工程韧性领先型+生态韧性领先型"为主导转变为以"工程韧性领先型"为主导。具体而言，经济韧性领先型的城市数量由 2008 年的 10 个下降至 2019 年的 3 个，主要分布于经济发达的下游和中游地区。社会韧性领先型城市占总数的比例极低，四个代表年份的数量分别为 7、4、2、3，空间分布格局呈现出由均衡分布转变为中下游集聚的趋势。工程韧性领先型是长江经济带城市的主导韧性模式，该类城市的数量由 2008 年的 64 个迅速上升至 2019 年的 115 个，呈现出快速且稳定的增长态势。与上游地区相比，中游和下游地区的空间集聚明显。生态韧性领先型城市在四个时期的数量分别为 45、31、28、5，表明在城市层面上，生态韧性的主导能力逐渐降低。该类型城市在研究期初的均衡分布转变为期末的上游集聚。②从小类来看，韧性模式主要表现出以下两个特征。第一，韧性模式的种类呈现出下降趋势。根据表 4.1 的划分标准，2008 年，长江经济带城市的韧性模式类型多达 18 类，至 2019 年，韧性模式的种类减少至 11 类。可以看出，经济、社会、工程和生态韧性主导的多样性和多元化逐渐减弱，城市韧性子系统的发展表现出趋同化。第二，工程韧性领先型中的小类 17 是长江经济带第一的韧性模式。该类型的城市表现为工程韧性最高，生态韧性次之，经济韧性跟随其后，社会韧性最后。四个时期，该类城市占总数的比例由 2008 年的 21.43% 上升至 2019 年的 60.32%。

表 4.1　长江经济带韧性类型划分标准

经济韧性领先型	小类	社会韧性领先型	小类	工程韧性领先型	小类	生态韧性领先型	小类
$E_n > S > I > E_l$	1	$S > E_n > I > E_l$	7	$I > E_n > S > E_l$	13	$E_l > E_n > S > I$	19
$E_n > S > E_l > I$	2	$S > E_n > E_l > I$	8	$I > E_n > E_l > S$	14	$E_l > E_n > I > S$	20
$E_n > I > S > E_l$	3	$S > I > E_l > E_n$	9	$I > S > E_n > E_l$	15	$E_l > S > E_n > I$	21
$E_n > I > E_l > S$	4	$S > I > E_n > E_l$	10	$I > S > E_l > E_n$	16	$E_l > S > I > E_n$	22
$E_n > E_l > S > I$	5	$S > E_l > E_n > I$	11	$I > E_l > E_n > S$	17	$E_l > I > E_n > S$	23
$E_n > E_l > I > S$	6	$S > E_l > I > E_n$	12	$I > E_l > S > E_n$	18	$E_l > I > S > E_n$	24

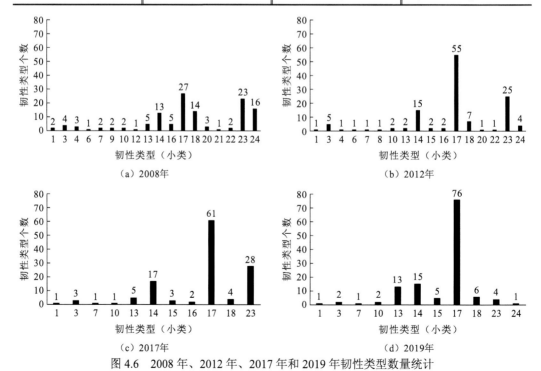

（a）2008年　　（b）2012年
（c）2017年　　（d）2019年
图 4.6　2008 年、2012 年、2017 年和 2019 年韧性类型数量统计

4.3　韧性领域耦合协调

在对城市韧性四个子系统的时空特征进行探索的基础上，计算经济、社会、工程、生态韧性四个子系统之间的总体耦合协调度以及两两子系统之间的成对耦合协调度。借鉴相关研究中关于等级划分的探讨（Li et al.，2021；Li et al.，2020；Cheng et al.，2019），将计算结果划分为八类，具体的协调类型划分标准详见表 4.2。

表 4.2　耦合协调类型划分标准

耦合协调类型	耦合协调度	耦合协调类型	耦合协调度
极度失调型	0.000～0.200	初级协调型	0.501～0.600
严重失调型	0.201～0.300	中级协调型	0.601～0.700
中度失调型	0.301～0.400	良好协调型	0.701～0.800
基本协调型	0.401～0.500	极度协调型	0.801～1.000

4.3.1　总体耦合协调

2008 年、2012 年、2017 年和 2019 年四个韧性子系统的耦合度平均值分别为 0.929 0、0.884 0、0.822 2、0.812 1，表现出急剧降低的趋势。四个时期，高耦合度[①]（0.89～1.00）的城市数量分别为 105、73、32、17，数量占比由研究期初的 83.33% 骤降至研究期末的 13.49%，变化幅度巨大。在空间上（图 4.7），由整体均衡分布转变为若干高值城市孤岛引领的格局。2019 年，这些高耦合度的城市包括贵阳、长沙、昆明、南昌、重庆、达州、温州、萍乡、宁波等 17 个城市，主要由省会城市、直辖市及其周边城市构成。较高耦合度（0.83～0.88）的城市数量由 2008 年的 16 个增加至 2019 年的 43 个，变化幅度较大。其空间分布由稀疏的零星分布转变为中下游集聚。中等耦合度（0.78～0.82）的城市数量变化较大，由 2008 年的 1 个增加至 2019 年的 34 个。这些城市主要分布于高值与较高值城市的周边，形成散点分布的簇状城市组团。较低耦合度和低耦合度（0.50～0.77）的城市数量变化较大，两类城市的总数由 2008 年的 4 个增加至 2019 年的 32 个。由上游地区西北部集聚转变为长江经济带散点分布。可以看出，四个韧性子系统的耦合度变化表现为高耦合度城市的减少和中低耦合度城市的增加，空间分布从均质均衡集聚转变为核心边缘扩散。

然而，由于耦合度无法测度是低发展水平还是高发展水平下的耦合。因此，引入耦合协调度来描述四个子系统韧性发展的综合协调程度，并按照划分标准对耦合协调度的计算结果进行等级划分。结果显示，四个代表年份的耦合协调度平均值分别为 0.339 3、0.356 4、0.388 5、0.398 7。从地区的角度来看，2008 年上游、中游、下游地区的耦合协调度分别为 0.306 1、0.321 7、0.394 0，2012 年三个地区的平均值分别为 0.321 3、0.341 7、

---

① 采用自然断裂法将计算结果分为 5 个层级，即高耦合、较高耦合、中等耦合、较低耦合和低耦合。为了统一等级划分标准以便于观测时空分异特征，本章采用研究期末（即 2019 年）的层级划分处理其他三个年份的计算结果。

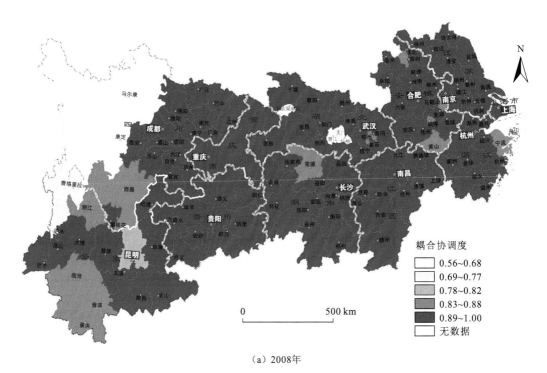

（a）2008年

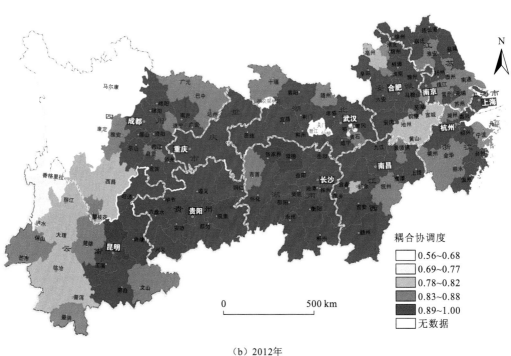

（b）2012年

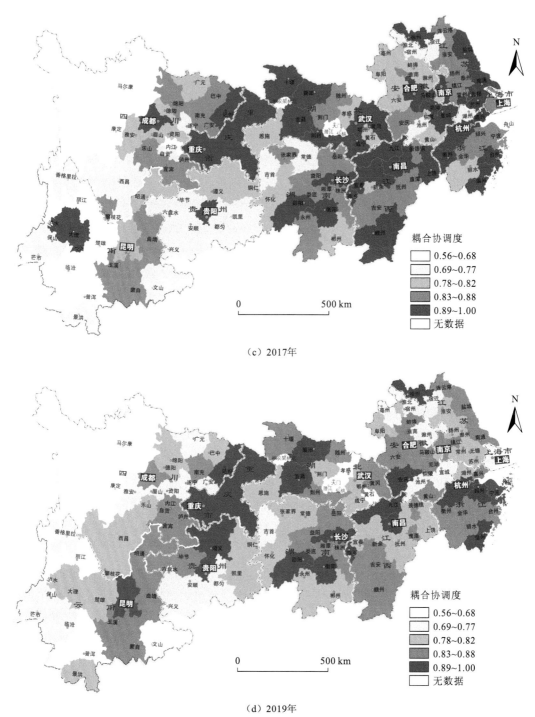

（c）2017年

（d）2019年

图 4.7　韧性子系统的耦合协调度分布

0.410 8，2017 年三个地区的平均值分别为 0.359 3、0.349 4、0.457 8，2019 年三个地区的平均值分别为 0.375 1、0.380 3、0.443 0。也就是说，将韧性子系统的发展水平纳入考虑后，长江经济带整体、地区的耦合协调度均值呈现出整体上升的趋势。总体而言，四个韧性子系统在研究期内虽然持续处于中度失调的阶段，但逐渐向基本协调阶段迈进。具体来看，随着时间的推移，上游地区和中游地区与长江经济带整体的发展态势趋同，持续处于中度失调的阶段；下游地区则从中度失调逐渐转变为基本协调。

从层级划分来看，城市主要包括严重失调型、中度失调型、基本协调型、初级协调型、中级协调型和良好协调型六个类别（图4.8），并表现出以下特征。

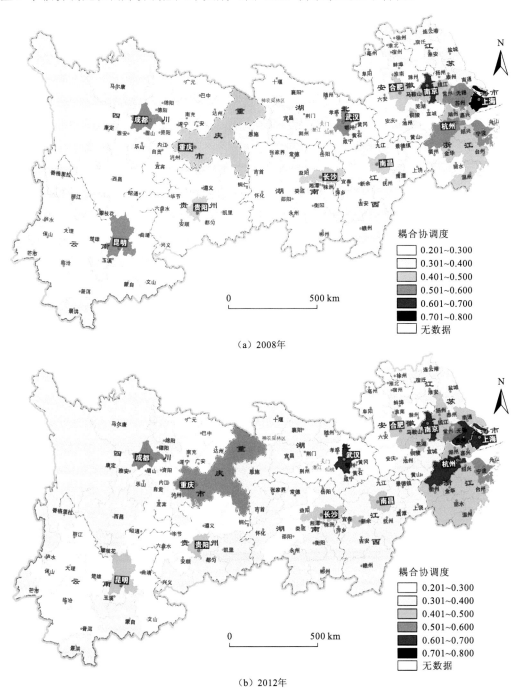

（a）2008年

（b）2012年

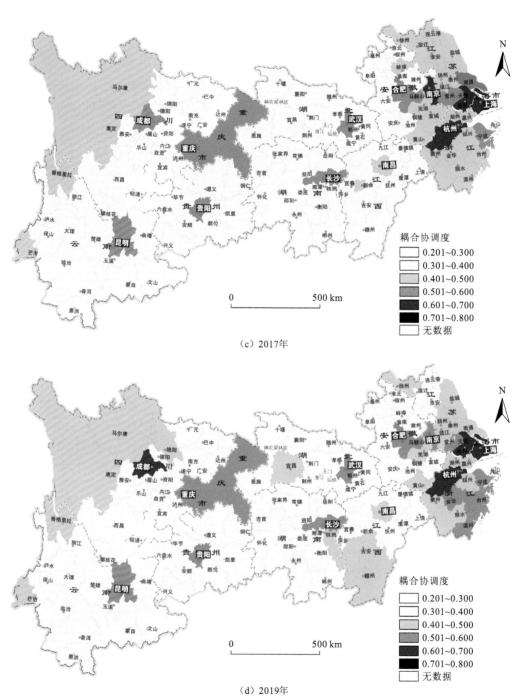

（c）2017年

（d）2019年

图 4.8　韧性子系统的耦合协调度分布

（1）严重失调型（0.201～0.300），四个年份的城市数量分别为 59、36、11、1，占总数的 46.83%、28.57%、8.73%、0.79%，韧性系统内部失调的城市数量越来越少，变化幅度巨大。2008 年主要分布于下游地区西南部、中游地区北部和西南部及上游地区西北部。这些城市要么紧密依附于核心城市周边，要么则距离核心城市较远。2017年，该类型城市的数量急剧减少，主要位于核心城市的腹地边缘，包括达州、巴中、广安、昭通、娄底、孝感、邵阳、资阳、遂宁、内江和益阳。2019年，该类城市减少至1个，仅剩昭通。

（2）中度失调型（0.301～0.400），四个年份的城市数量分别为42、60、71、82，占总数的33.33%、47.62%、56.35%、65.08%，表现出显著的增长。2008年，该类城市多数位于上游地区四川省、中游地区江西省和下游地区江苏省。2012年，受省会等核心城市的辐射带动作用增强，该类城市的数量逐渐增加，并形成均衡连续的空间集聚区域或廊道。2017年，长江经济带超过一半的城市转变为中度失调型，成为韧性子系统协调的典型类型。

（3）基本协调型（0.401～0.500），城市数量分别为16、21、29、26，分别占总数的12.70%、16.67%、23.02%、20.63%，表现出平稳的小幅增长。2008年，该类型城市主要由上游和中游的省会城市或直辖市（如重庆、贵阳、长沙、南昌、合肥）与下游地区浙江省的城市（如湖州、嘉兴、金华、舟山等）构成。2012年，数量有所增加但变化不大，浙江省南部逐渐形成集聚的城市组团。2017年，基本协调型城市的数量增加，主要位于江苏省北部和四川省。2019年与2017年的空间分布相比变化不大，突出表现为浙江省北部该类城市的减少和江西省南部该类城市的增加。

（4）初级协调型（0.501～0.600），四个代表年份的城市数量分别为7、4、11、13，分别占总数的5.56%、3.17%、8.73%、10.32%，呈现出先降后升的态势。在空间上，2008年主要为省会城市和省内经济发展水平较高的城市，如昆明、无锡、成都、宁波、武汉、苏州、杭州。2012年，数量不增反减。2017年的数量相较于2008年而言有所增加，这些城市主要为省会城市、直辖市和省域内的核心城市，其经济发展规模与城镇化水平均较高。2019年浙江省南部的城市数量有所增加，整体空间分布变化不大。

（5）中级协调型（0.601～0.700），城市数量分别为1、5、4、4，占总数的比例由2008年的0.79%升高至2019年的3.17%，表明韧性子系统达到协调的城市较少，且增长的幅度微弱。整个研究期间，跨入中级协调型的城市主要有上海、南京、武汉、苏州、杭州和成都，多数为上游地区经济发达、工业雄厚的省会城市或直辖市。

（6）良好协调型（0.701～0.800），该类型城市仅为2008年的上海，耦合协调度达到0.793 1。

4.3.2 成对耦合协调

在对经济韧性、社会韧性、工程韧性和生态韧性四个指数的耦合协调度进行测度后，进一步评估四者两两间的耦合协调度。

1. 经济韧性-社会韧性

四个代表年份，经济韧性和社会韧性之间的耦合协调度分别为 0.308 7、0.306 6、

0.318 2 和 0.335 6，均处于中度失调的阶段，表明经济韧性与社会韧性的耦合协调发展水平不高，但呈现出逐渐耦合的趋势。在空间上，两者的耦合协调度表现出"东部高、中部和西部低"的格局特征。这意味着在上海、苏州、杭州、南京、成都、重庆等省会、直辖市和沿海城市等高值城市中，经济韧性和社会韧性的能力水平均较高且两个子系统的发展程度相当，相互作用良好，表现为中度、良好或极其协调。其余城市均处于中度失调甚至以下，并且表现出低值集聚的均衡分布。从地区平均水平来看，上游地区"经济-社会"韧性的耦合协调持续处于极度失调的阶段；中游地区从极度失调转变为中度失调；下游地区则是从中度失调逐渐转变为基本协调。

2. 经济韧性-工程韧性

经济韧性和工程韧性指数之间的耦合协调度从 2008 年的 0.356 0 上升至 2019 年的 0.466 0，表明经济韧性发展与工程韧性建设的水平持续上升且保持"同频共振"，逐渐从中度失调的状态转变为基本协调的状态，二者的耦合作用程度逐渐增强。从空间分布上看，核心城市如上海、苏州、宁波、杭州、金华、武汉、长沙、重庆、成都等表现出明显的引领与带动作用，推动其周边城市的经济和基础设施建设持续发展，使得耦合协调度呈现出明显的核心边缘扩散。随着时间的推移，耦合协调度均衡分布的空间格局逐渐增强。从地区演化来看，上游地区的经济韧性和工程韧性水平在研究期间大幅提升，两者呈现出积极的相互促进作用。从 2008 年的中度失调逐渐转变为 2019 年的基本协调；中游地区的发展态势与上游地区类似，同样是从中度失调成长为基本协调；下游地区城镇化与工业化水平更高，经济实力雄厚，基础设施完善，其耦合协调水平较上游和中游地区来说起点更高，呈现出基本协调向初级协调变化的趋势。

3. 经济韧性-生态韧性

四个代表年份经济韧性和生态韧性子系统的耦合协调度分别为 0.340 9、0.359 8、0.403 5 和 0.376 0，两者的耦合在波动中整体上升。根据耦合协调度的划分标准来看，长江经济带经济和生态的关系从 2008 年中度失调转变为 2017 年的基本协调，但在 2019 年则回落至中度失调阶段。需要指出的是，经济和生态的相互作用在研究期内经历波动，2019 年较 2008 年而言虽然仍处于中度失调阶段，但耦合协调度有所升高，增幅不大，稳中向好。在空间方面，中高值城市主要分布于上游四川省、云南省和重庆市，中游江西省以及下游浙江省。整体呈现出从东部、西部向中部降低的趋势。这与流域区经济发展水平、生态资源禀赋的地形格局保持一致。至 2019 年，高值城市推动其腹地城市的经济韧性与社会韧性持续发展，逐渐形成耦合协调度同质聚类的空间集聚区。也就是说，经济韧性和社会韧性的发展保持趋同性，且对邻近区域具有明显的带动效应。就地区均值及其演化而言，上游和中游地区维持在中度失调阶段，但其耦合协调水平均逐步提升；下游地区从中度失调阶段逐渐步入基本协调阶段。在研究期内表现出先升后降的趋势，2017~2019 年耦合协调度从 0.476 7 降低至 0.402 0。也就是说，下游地区经济和生态耦合发展的情况并不乐观，近年来两者相互抑制的态势越发明显。

4. 社会韧性-生态韧性

社会韧性与生态韧性之间的相互影响作用持续且稳定地增强，四个代表年份的耦合协调度分别为 0.326 2、0.327 1、0.336 5 和 0.343 8，表明两者关系持续维持在中度失调的阶段。在空间格局方面，由"从东向西逐渐降低"的格局逐渐转变为"西部高、中部低、东部高"的空间分布。这意味着随着时间的推移，上游地区城市的社会与生态之间的关系逐渐平衡，社会发展与生态保护能够"携手并进"，二者呈现出相互促进的作用。在此过程中，上游地区社会耦合协调度持续超越中游地区，进而形成东西两端高而中部低的空间分布格局。从地区演化来看，上游地区耦合协调度从 2008 年的 0.307 5 缓慢上升至 2019 年的 0.343 0；中游地区先降后升，曾一度从中度协调阶段跌落至严重失调阶段，其耦合协调度由 2008 年的 0.321 2 升至 2019 年的 0.333 5；下游地区则表现出波动变化、整体上升的趋势，耦合协调度由 2008 年的 0.352 7 略微上升至 2019 年的 0.354 1。在研究期内，总的来说，三个地区维持在中度协调阶段。

5. 社会韧性-工程韧性

社会韧性与工程韧性之间的耦合协调度均值在四个代表年份分别为 0.339 8、0.355 4、0.377 8、0.425 6，表明耦合协调作用逐年增强，社会韧性与工程韧性之间的相互关系从中度失调逐渐变为基本协调。在空间上，由省会城市、直辖市等核心城市引领走向中高值城市组团集聚，主要的领跑城市包括成都、重庆、昆明、贵阳、武汉、长沙、南昌、合肥、杭州、南京、苏州和上海。可以看出，社会韧性与工程韧性的耦合协调度的差异随时间推移逐渐缩小，成渝、长江中游和长三角城市群通过抱团发展越发扁平化。也就是说，社会发展与基础设施建设表现为相互促进的耦合关系，并突出体现在核心城市。随后在核心城市的辐射带动下实现近域扩散，促使空间分布由非均衡逐渐走向均衡。从地区指数的演化来看，上游地区的耦合协调度从 2008 年的 0.304 2 上升至 2019 年的 0.389 2，虽然维持在中度失调阶段，但稳中向好并逐渐接近基本协调阶段；中游地区从 2008 年的中度失调阶段步入 2019 年的基本协调阶段；下游地区与中游地区的发展趋势类似，从中度失调阶段步入基本协调阶段。

6. 工程韧性-生态韧性

工程韧性和生态韧性之间的耦合协调度持续增长，由 2008 年的 0.378 2 上升至 2019 年的 0.488 0，表明城市的基础设施发展与生态环境质量协同向前，二者呈现出互相促进的耦合关系。根据耦合协调的层级划分，长江经济带的工程与生态耦合协调关系总体上从中度失调变为基本协调。从空间分布来看，两者的耦合协调度呈现出"西部高、中部低、东部高"的空间格局。相对来看，中游地区成为工程韧性与生态韧性协调发展的洼地。从地区指数及其演化而言，上游地区的耦合协调度均值由 2008 年的 0.360 8 快速上升至 2019 年的 0.502 2，二者关系由中度失调型转变为初级协调型，变化巨大，持续向好，这可能与上游地区良好的资源禀赋和优质的生态环境紧密相关；中游地区指数由

2008 年的 0.354 7 上升至研究期末的 0.473 5，从中度失调转变为基本协调；下游地区起点较高但变化不大，于 2017 年跨入初级协调阶段，但耦合协调度随后开始回落，并于 2019 年重新回到基本协调阶段。整体来看，上游地区在波动变化中维持在基本协调阶段，其工程韧性与生态韧性的关系稳步向好，耦合协调度呈现上升态势。

　　总体来看，六组子系统两两之间的耦合协调度均呈现出逐渐上升的趋势，表明韧性子系统能力"携手并进，协同上升"。其中，经济韧性-工程韧性、社会韧性-工程韧性、工程韧性-生态韧性从中度失调转变为基本协调，实现了层级提升。而经济韧性-社会韧性、经济韧性-生态韧性、社会韧性-生态韧性则维持在中度失调阶段。

第 5 章　基于多情景的韧性网络评估

　　网络由节点与节点间的连线构成，节点和连线是网络的两个基本要素（李志刚，2007）。城市网络是节点城市之间基于血缘、地缘、业缘等，以经济流、信息流、交通流以及其他要素流动为联系介质形成联系线并进而紧密交织构建在一定区域内的城市群体，是城市和区域间联系在全球城市体系不断发展和重塑背景下形成的不同空间尺度下的区域空间组织（Batten，1995；Camagni et al.，1993）。城市网络结构是城市网络在区域空间所呈现出的状态的反映，包括参与网络构建的城市节点的规模、数量、区位以及城市与城市间联系线的强弱、数目和聚集程度等（朱浩义，2005）。而这些节点位置、连接状况、路径长度、网络密度等结构属性差异直接影响区域功能和韧性，这是由网络本身的属性所决定的。换言之，城市网络结构成为表征城市群空间网络格局特征和评估区域韧性能力的重要途径。城市网络结构韧性指的是区域或城市群在面对外界干扰时，网络结构如何影响区域应对冲击并恢复、保持或改善原有系统特征和关键功能的能力。

　　从现有研究来看，一方面，城市网络结构的研究对象多针对某区域内的单一类型网络，且大多关注城市网络在正常运行时的结构特征和稳定性，忽视了城市网络在遭受突发事件或危机时的应对能力和恢复能力，缺乏对城市网络的分类思维以及分情景韧性评估的考量，在其综合性上有待完善；另一方面，城市群韧性评估聚焦网络结构韧性的研究甚少，未形成城市群网络结构韧性评估及优化策略相对完整的理论框架。如何将"韧性"理念与城市网络结构结合，需要在韧性测度的理论研究、分析方法和情景划分上进行丰富和拓展。因此，本章主要从常态和扰动两种情景出发，以长江中游城市群 31 个城市为例进行网络构建，借助复杂网络理论和 Gephi 社会网络分析工具，从层级性、匹配性、传输性、集聚性和多样性五个方面评估长江中游城市群在两种情景下的结构韧性并提出空间优化策略。本章部分内容基于团队研究成果（彭翀 等，2019；林樱子，2017）。

5.1　韧性网络评估方法与技术

5.1.1　常态评估技术方法

1. 网络构建方法

　　城市网络构建，即基于城市群韧性的领域分类分别对应构建经济、信息和交通联系网络。其次是城市网络结构韧性评估，即针对已构建三类网络的结构属性：层级性、匹配性、传输性和集聚性进行测度，评估其结构韧性能力（图 5.1）。选择长江中游城市群 31 个城市作为研究对象，研究数据来源于《中国城市统计年鉴 2021》、《湖北省统计年鉴 2021》、《湖南省统计年鉴 2021》、《江西省统计年鉴 2021》、百度指数、百度地图、火车里程查询网站。

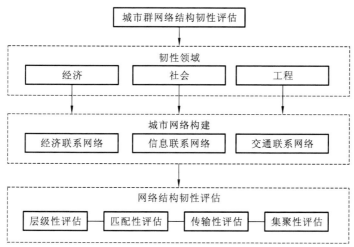

图 5.1　常态情景城市网络结构韧性评估技术方案

图片来源：林樱子（2017）

1）经济联系网络

城市功能是城市经济联系网络产生与发展的内在机制。根据联系范围不同，城市功能分为外向功能与内向功能。参照长株潭的研究（彭翀 等，2015a），选择中城市从业人口 G 为城市功能量指标，城市是否具有外向功能量 E，主要取决于其某一部门产业从业人口的区位熵，i 城市 j 部门从业人员区位熵 Lq_{ij} 为

$$Lq_{ij} = (G_{ij}/G_i)/(G_i/G) \quad (i=1,2,\cdots,n; j=1,2,\cdots,m) \tag{5.1}$$

若 $Lq_{ij}<1$，则 i 城市 j 部门不存在外向功能，即 $E_{ij}=0$；若 $Lq_{ij}>1$，则 i 城市 j 部门存在外向功能，因为 i 城市的总从业人员中分给 j 部分的比例超过了全国的分配比例，即 i 部门在 j 城市中相对于全国是专业化部门，可以为城市外界区域提供服务。因此 i 城市 j 部门的外向功能 E_{ij} 为

$$E_{ij} = G_{ij} - G_i(G_i/G) \tag{5.2}$$

i 城市 m 个部门总的外向功能量 E_i 为

$$E_i = \sum_{j=1}^{m} E_{ij} \tag{5.3}$$

i 城市的功能效率 N_i 用人均从业人员的 GDP_i 表示为

$$N_i = GDP_i/G_i \tag{5.4}$$

i 城市的外向功能影响量 F_i 为

$$F_i = E_i \cdot N_i \tag{5.5}$$

由于长江中游城市群各城市的功能定位与产业分工存在显著差异，而第一产业（农

林牧渔）往往为城市的非基本部门，故以第二产业与第三产业所涵盖的共计 17 项职业门类作为城市不同行业的划分标准进行计算。城市从业人口数据来源于《中国城市统计年鉴-2021》《2021 年湖北省统计年鉴》《湖南统计年鉴 2021》《江西统计年鉴 2021》。基于上述城市外向功能影响量的计算结果，利用引力模型测度经济联系强度，构建经济联系网络：

$$R_{ij} = F_i \cdot F_j / D_{ij}^2 \qquad (5.6)$$

式中：R_{ij} 为 i 城市和 j 城市间的经济联系强度；F_i 和 F_j 分别为 i 城市和 j 城市的外向功能影响量；D_{ij} 为两城市之间的直线距离。

2）信息联系网络

百度指数是以网民行为数据为基础的数据分享平台，是反映某关键词在网民和主流媒体中关注程度的指标。信息联系网络的构建通过百度指数"按地域"搜索关键词的功能，获取 2021 年 1 月至 2021 年 12 月期间，城市群两两城市之间百度关注度平均值。城市之间信息流强度采用关注度乘积的形式表征：

$$M = A_b \cdot B_a \qquad (5.7)$$

式中：M 为城市 A 与城市 B 之间的信息流强度；A_b 为城市 A 对城市 B 的百度关注度均值；B_a 为城市 B 对城市 A 的百度关注度均值。

3）交通联系网络

根据万有引力定律，基于城市群主要以公路和铁路为主要交通方式的现实，构建长江中游城市群交通联系度模型，公式如下：

$$T_{ij} = K_{ij} \cdot (\sqrt{P_i N_i} \cdot \sqrt{P_j N_j}) / D_{ij}^2 \qquad (5.8)$$

式中：T_{ij} 为 i 城市与 j 城市的交通联系强度，反映两城市间的交通联系引力；P_i 和 P_j 分别为两城市的经济活动人口数；N_i 和 N_j 分别为两城市的生产总值；D_{ij} 为两城市间的高速公路及铁路里程之和；K_{ij} 为 i 城市与 j 城市的交通联系系数，可以表示为

$$K_{ij} = [(Q_i + Q_j) / Q + (C_i + C_j) / C] / 2 \qquad (5.9)$$

式中：Q_i 和 Q_j 分别为两城市公路和铁路的总客运量；C_i 和 C_j 分别为两城市公路和铁路的总货运量；Q 和 C 分别为长江中游城市群各城市公路和铁路的平均客运量、平均货运量。其中，经济活动人口数、生产总值、铁路和公路的客货运量等数据来源于《中国城市统计年鉴-2021》，高速公路里程由百度地图测得，铁路里程由互联网（http://www.huochepiao.com/licheng）获取。

2. 网络结构韧性评估指标

根据前文分析，城市网络结构属性变量（层级性、匹配性、传输性和集聚性）是影响网络结构韧性能力的主要因素。鉴于此，以上属性成为寻求网络结构韧性评估指标的内在基础。综合借鉴相关研究，最终确定度、度分布、度关联、平均路径长度、局部聚类系数、平均聚类系数作为网络结构韧性评估指标（表 5.1），具体计算方法和评估指标如下。

表 5.1 网络结构韧性评估指标

影响因素	评估指标	空间意义
层级性	度	节点对外联系程度
	度分布	节点度值的分布特征
匹配性	度关联	节点联系的相关性
传输性	平均路径长度	网络的连通和扩散效率
集聚性	局部聚类系数	节点与相邻节点连接的聚集程度
	平均聚类系数	网络的聚集程度

1）层级性——度、度分布

Crespo 等（2014）认为层级（hierarchy）的测度可以通过网络度分布（degree distribution）指标体现，度分布的斜率越大则表示节点间度的层级性越显著。度是描述一个网络的最基本的术语，通常定义为网络中的一个节点与其他节点相连接的边的数目总和。一个节点的度越大则意味着该节点与网络中其他节点的联系越多。度分布是反映网络宏观分布特征的指标，可以理解为网络中节点的度的概率分布或频率分布。

对城市群网络而言，通过借鉴位序——规模法则，根据各节点城市的度值对网络中的所有节点城市从大到小依次进行排序并绘制成幂律曲线，则该城市群网络的度分布公式满足：

$$K_h = C(K_h^*)^a \tag{5.10}$$

对式（5.10）进行处理可得

$$\ln K_h = \ln C + a \ln K_h^* \tag{5.11}$$

式中：K_h 为节点 h 的度；K_h^* 为节点 h 的度在网络中的位序排名；C 为常数；a 为度分布曲线的斜率。

2）匹配性——度关联

由于网络中节点之间的连接并不是均等的，偏好依附（preferential attachment）导致网络中节点与节点间的联系存在某种相关性，Newman 根据网络节点间这种连接相关性，提出了同配和异配的概念用以区分节点间的偏好依附。同配性（assortativity）用作考察度值相近的节点是否倾向于相互连接，其测度主要通过度关联（degree correlation）指标来体现。若度值大的节点倾向于连接度值大的节点，那么该网络具有同配性，即为度正关联（度关联指数为正数）。反之，则称该网络具有异配性，即为度负关联（度关联指数为负数）。

度关联在网络中，每个节点都有与该节点直接相连接的一定数量的相邻节点。在此基础上，算出与节点 h 直接连接的所有相邻节点的度的平均值 $\overline{K_h}$：

$$\overline{K_h} = \sum_{i \in V} K_i / K_h \tag{5.12}$$

接着，对 K_h 与 $\overline{K_h}$ 的线性关系进行曲线估计：

$$\overline{K_h} = D + b K_h \tag{5.13}$$

式中：K_i 为节点 h 的相邻节点 i 的度；V 为节点 h 所有相邻节点的集合；D 为常数；b 为度关联系数。若 $b>0$，那么该网络具有同配性，即为度正关联；若 $b<0$，那么该网络具有异配性，即为度负关联。

3）传输性——平均路径长度

传输性通过网络的平均路径长度指标来进行评估，若网络的平均路径长度值越大，表明事件从一个节点扩散到另一个节点所需经过的路径较长，网络的传输效率较低，反之则表明网络的传播和扩散作用较强。最短路径长度是指，节点连接若考虑连接成本时，有一条（或多条）成本最小的路径，在计算算法上以 1959 年提出的 Dijksra 算法最为著名，后文分析即采用此算法。本小节在进行分析时，最短路径长度考虑的是需要经过中间节点的个数，如若两节点直达时，L 为 0。

平均路径长度是网络中任意两个节点间距离的平均值。该指标反映的是网络的全局性质，若很小，则说明网络的易达性好，网络运行效率高。其公式为

$$L = \frac{1}{1/2n(n+1)}\sum_{i \geqslant j} d_{ij}$$ （5.14）

式中：L 为网络的平均路径长度；n 为节点数；d_{ij} 为从节点 i 到节点 j 的距离。

4）集聚性——局部聚类系数、平均聚类系数

网络集聚程度可以从局部聚类系数和平均聚类系数考察。局部聚类系数是描述网络节点聚集程度的参数，节点 i 的聚类系数定义为节点 i 的邻居之间所实际具有的边数与所有可能有的边数的比值，即：

$$C_i = \frac{2E_i}{k_i(k_i-1)}$$ （5.15）

式中：k_i 为节点 i 的度，即节点 i 的邻居数；E_i 为节点 i 邻居间实际产生的边数。由于局部聚类系数计算的仅是单个节点与相邻节点连接的集聚性，因此可通过网络中所有节点局部聚类系数的平均值观察整个网络的节点集聚程度，即平均聚类系数：

$$C = \frac{1}{n\sum_i^n C_i}$$ （5.16）

5.1.2 扰动评估技术方法

扰动评估在网络结构韧性研究中受到越来越多的关注。城市群发展实践表明，洪水、内涝、暴雨等灾害极有可能会造成城市群各类网络的瘫痪或中断，影响城市之间的正常联系。

1. 网络构建方法

首先，选择研究区域构建城市网络；其次，借助 Python 进行中断模拟，并对中断后网络结构韧性的变化特征进行探讨。在此基础上，识别影响网络结构韧性的关键节点，并分析其节点特征及影响机制，形成相应的规划策略（图 5.2）。

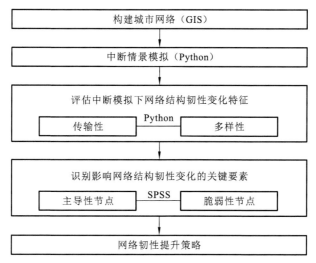

图 5.2　扰动情景城市网络结构韧性评估技术方案

图片来源：彭翀等（2019）

本小节选取长江中游城市群的客运网络作为研究对象。这是由于一方面客运联系数据与区域空间联系强度具有相关性（苗长虹 等，2006），在学者对区域空间联系的研究中得到了广泛的运用（刘正兵 等，2014；罗震东 等，2011），另一方面对客运网络适合进行网络结构特性分析（赵映慧 等，2016）。研究范围依据 2015 年国务院批复的《长江中游城市群发展规划》中所划定的规划区域，包括湖南省、湖北省、江西省的 31 个城市。

由于公路与铁路在长江中游城市群的客运交通中占有主导地位，本小节采用城市间的日发汽车班次与火车班次数据构建城市群客运网络，在 Excel 中分别建立 31 市×31 市的火车与汽车联系强度矩阵。为了综合反映城市间的客运交通联系，采用相关学者的研究成果（程利莎 等，2017；叶磊 等，2015），将铁路和公路网络的联系矩阵进行标准化后，分别赋予相同权重，得到客运交通综合联系矩阵。为减少综合矩阵中过多连线而产生的冗余信息，将网络连线门槛值设为 0.5，将所有联系强度小于 0.5 的连线清除，新矩阵与原矩阵的相关性仍保持在 0.995。将新矩阵导入 Python 中进行后续的网络结构韧性计算。采用上述方法构建长江中游城市群客运网络，并借助 ArcGIS 实现网络可视化（图 5.3）。

2. 网络结构韧性评估指标

1）传输性——网络效率

传输性反映城市网络中要素流扩散的能力，其指标主要与节点间最短路径长度有关。一方面，较高的传输性意味着网络中城市节点可以更快地实现信息、知识和资金等各类要素的交换，促进城市间的学习与创新，推动区域协同发展，增强区域应对危机的抵抗力。另一方面，在应对冲击时，跳数越少的路径可靠性越高（饶育萍 等，2009），同时，

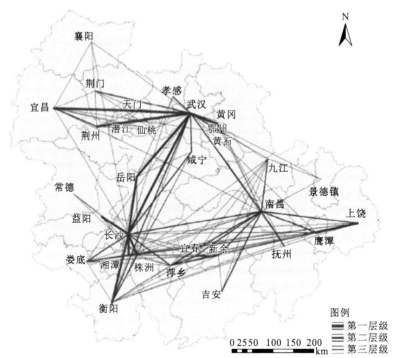

图 5.3 长江中游城市群客运交通联系网络
图片来源：彭翀等（2019）

能更快对外部变化做出响应，顺利应对干扰。本小节采用网络效率这一指标对网络传输性进行量化评估，其定义是直接基于网络所实现的传输功能（田柳 等，2011）。许多学者已通过实证表明网络效率作为韧性测度指标的准确性（黄传超 等，2014）。具体公式为

$$E(G) = \frac{\sum_{i \neq j \in G} \frac{1}{d_{ij}}}{N(N-1)}$$ （5.17）

式中：$E(G)$ 为网络效率，且 $0 \leq E(G) \leq 1$；d_{ij} 为网络中节点 i 与节点 j 之间的最短路径；N 为网络中的节点数量。节点传输性的指标内涵与计算方法与网络传输性类似，不同之处在于其仅反映了测度对象与其他节点间的传输效率。本小节借助 Python 中 NetworkX 软件包内置的最短路径算法对传输性进行测度。

2）多样性——平均独立路径数量

多样性是对网络容错能力的描述。城市网络的多样性反映在空间结构上主要指城市间存在多种联系路径，当某个特定路径受到危机的影响，其他路径保障了网络正常运行（Sterbenz et al.，2013），从而有效维持网络稳定。对交通网络等实体网络而言，网络的多样性尤为重要，一旦城市网络遭受攻击，恢复网络正常运行最有效的方法是采用另一条路径连接两个城市。因此，城市网络的多样性程度取决于两个城市之间是否存在独立于常用路径之外的其他支路。

本小节借相关研究交通网络结构韧性提出的平均独立路径数量（average number of indepen-dent passageways）对网络的多样性进行测度。如果一个路径集合包含节点之间所有联系的路径，且路径之间不存在相同边，则该集合为节点间的独立路径。以图 5.4 中所示的网络为例，尝试探讨节点 1 与节点 4 之间的独立路径数量。通过定义可以发现 {2-6-10} 和 {1-4-11-14} 可作为节点 1 与节点 4 之间的独立路径，而不能将 {1-3-6-10} 纳入其中，因为边 1 已经出现在 {1-3-6-10} 路径中，边 6 与边 10 也与 {2-6-10} 出现重复。因此，节点 1 与节点 4 之间的独立路径数量为 2。网络多样性计算方法如下：

$$V(G) = \frac{\sum_{i \neq j \in G} n_{ij}}{N(N-1)} \tag{5.18}$$

式中：$V(G)$ 为平均独立路径数量；n_{ij} 为网络中节点 i 与节点 j 之间独立路径数量；N 为网络中的节点数量。

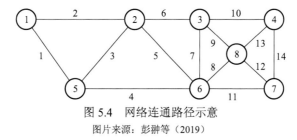

图 5.4　网络连通路径示意

图片来源：彭翀等（2019）

与节点传输性相同，节点多样性指标也仅反映了测度对象与其他节点间连通的多样性，不包含测度对象的连通路径不作考虑。本小节通过 Python 平台实现最大流算法，从而对多样性进行测度。

5.2　面向连通高效的常态评估

5.2.1　常态评估中网络结构韧性分指标特征

基于已构建的城市群经济、信息和交通联系网络（图 5.5），根据式（5.10）～式（5.16），借助社会网络分析软件 Gephi 进行三类联系网络拓扑结构的提取（图 5.6），并对三类联系网络结构韧性的四方面性质六大指标进行测度。其中，度分布、度关联、平均路径长度和平均聚类系数的测度结果详见表 5.2。

1. 网络层级性

1）核心城市辐射效应明显，三类网络对外联系多元

具体而言，从节点城市的度值分布图（图 5.7）来看：经济网络中度值较高的城市主要为武汉、南昌、长沙、岳阳、宜春和九江，在湖南、湖北、江西三省形成明显的度值

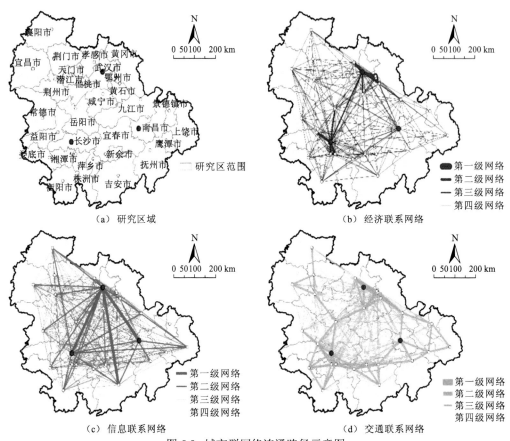

图 5.5 城市群网络连通路径示意图

表 5.2 三类网络结构韧性指标评估结果汇总

网络	层级性		匹配性	传输性	集聚性	
	度	度分布 a	度关联 b	平均路径长度 L	局部聚类系数 C_i	平均聚类系数 C
经济联系网络	—	-0.342 8	-0.125 2	1.611	—	0.861
信息联系网络	—	-0.812 7	-0.510 6	1.532	—	0.797
交通联系网络	—	-0.204 8	-0.639 7	1.693	—	0.692

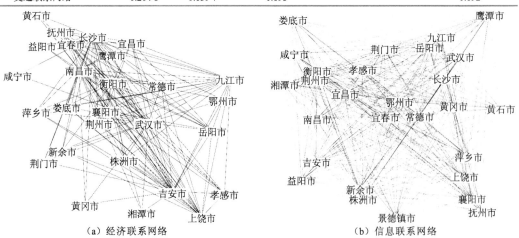

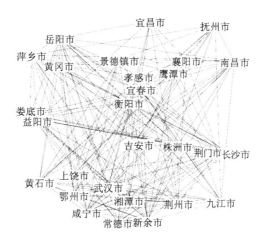

（c）交通联系网络

图 5.6　城市经济、信息、交通联系网络拓扑结构图

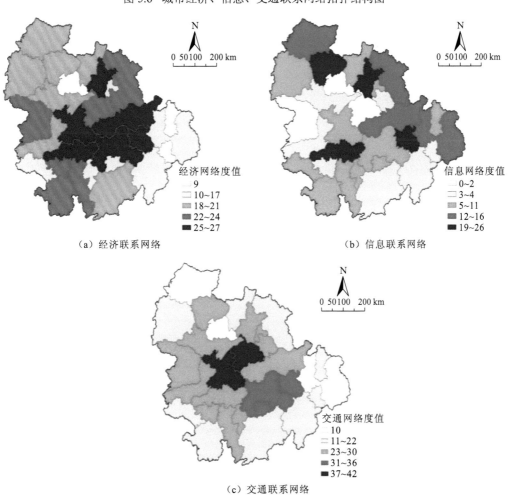

高地，并围绕上述城市向外围逐渐衰减，表明上述城市是经济联系网络中的密集区域，对周边城市的经济影响力较大；信息联系网络中度值突出的仅为武汉、长沙、南昌和荆门，可见三个省会城市仍高居信息的引领地位，其辐射和集散能力与其他城市相比产生巨大分野，极化作用占主导地位。三省情况与经济联系网络有所不同，正好相反。湖北和湖南两省在信息联系网络中呈现出省会城市度值较高而周边城市度值塌陷的状态，江西省度值分布则相对均衡；交通网络中城市度值普遍较高，度值最高的梯队包括咸宁和岳阳，其次为南昌、新余、宜春和萍乡，整个城市群仅江西省东部和湖北省西南部出现度值塌陷。城市群交通联系网络中门户城市和边缘城市的度值较高。

2）经济和信息网络层级较高，网络区域锁定较为明显

从度分布系数来看，经济、信息、交通联系网络的度分布系数绝对值分别达到0.342 8、0.812 7、0.204 8（图 5.8），信息联系网络度分布系数更是接近于 1，表明经济和信息网络比交通网络具有更高的层级性，城市群中核心城市的地位更为突出。在城市群网络中以度为首位度衡量的指标时，经济和信息网络首位度较高，整个网络中核心城市与节点城市的发展差距较大，网络非均质化现象明显。在这样的情况下，经济和信息网络所拥有的较高层级性会为该两类网络带来竞争力强劲的发展领头羊，目前指向武汉、长沙、南昌及其周边城市，这三个核心城市在对其他城市释放辐射能力的同时，也具备应对外界冲击的能力，整个网络在面对冲击时具有一定的抗压性。然而同时要时刻警惕高层级随之引发的区域锁定和路径依赖，以防止在核心节点故障时网络滞后的冲击消化能力；而交通联系的度分布斜率的倾斜度相对平稳，度分布系数为-0.204 8，意味着在该网络中，城市群中城市对外联系程度分布合理，核心增长极首位度相对不高，省会城市、

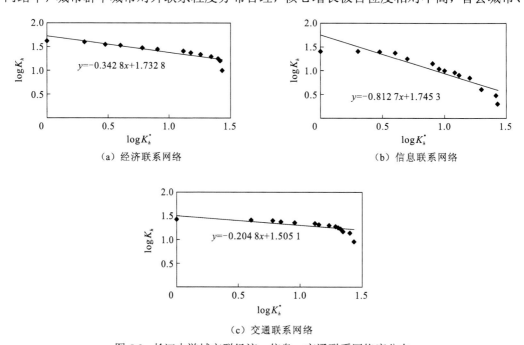

（a）经济联系网络　　　　　　　　　（b）信息联系网络

（c）交通联系网络

图 5.8　长江中游城市群经济、信息、交通联系网络度分布

门户城市与其他城市之间的交通地位差距相对较小，交通网络扁平化发展。从指标结果来看，虽然交通网络的层级性不高，整体竞争力较弱，但各节点间的联系路径多元、联系聚集程度均衡，对"流空间"的扩散十分有利，因此网络的"脆弱性"较弱。

2. 网络匹配性

根据度关联系数结果，城市群三类网络具有异配特征。经济、信息、交通网络度关联系数分别为-0.125 2、-0.510 6、-0.639 7，三个指数均为负值且具有数值差异，首先表明三类网络存在异配联系，其次表明三类网络的异配联系情况各异。

1）信息和交通网络异配强，网络联系路径多元异质

根据网络度关联拟合曲线（图 5.9）结果，信息联系网络和交通联系网络的曲线斜率大，意味着网络中异配现象明显，即网络中节点城市的度值与其所有邻居节点的平均度值呈负相关关系。核心城市在对外联系时并不单单局限于与其综合水平相近、发展规模相当或是专业能力相仿的城市，而存在与其本身具有一定发展差距的一般城市联系的可能，这些处于边缘地位的一般城市同时也得益于与核心城市的直接连接而获得较高的平均连接度值。从结构韧性的角度来说，这两类网络具有网络联系扁平化趋势，联系路径倾向于异质化和多元化，有利于提高创新活动发生和外界信息渗入的概率。虽然结合上文测度分析得知信息联系网络具有较高层级性，但其目前所体现出的异配性可以在削弱高层级性带来的路径依赖和区域锁定等潜在危机的同时，强化核心组群节点、核心组群协同节点以及边缘节点间的高效连接和紧密联系。当外界干扰发生时有利于网络结构做出适应性调整。根据计算结果，交通联系网络表现出层级性较低且异配性较高，进一步证明该网络具备韧性发展的良好基础。一方面，交通联系网络中节点城市地位差距不大，区域风险并不是仅由单个或几个核心城市来承担，具备在交通领域冲击来临时网络结构调整的机动性和灵活性。另一方面，网络具有较为明显的异配性，突破了核心城市与核心城市、一般城市与一般城市、边缘城市与边缘城市集团化发展的局限，构筑起跨层级和跨领域发展的桥梁，使城市群结构得以由纵向树状生长转向横向网状蔓延实现多样化发展，城市网络结构韧性能力提升，区域风险下降。

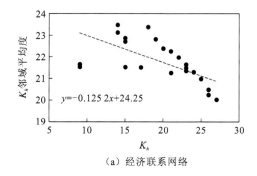

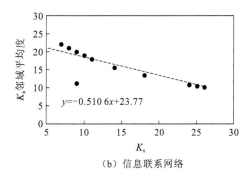

（a）经济联系网络　　　　　　　　　　　（b）信息联系网络

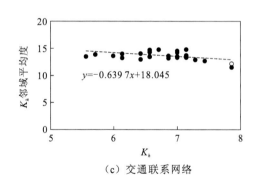

（c）交通联系网络

图 5.9　长江中游城市群经济、信息、交通联系网络度关联

2）经济网络层级高异配弱，结构韧性能力受到抑制

经济联系网络的度关联系数仅达到-0.125 2，曲线斜率平坦，相对其他两类网络而言其节点城市间的异配性微弱。该计算结果意味着网络中联系路径单一和同质化节点抱团发展的现象严重，结合层级性测度结果来看，经济联系网络核心城市度值首位度偏高，与一般城市间的地位差距比较大，本就已遭受路径依赖所带来的结构僵化和创新下降的潜在风险，那么在这样的情况下，虽然网络并未呈现出同配性联系，但其异配指数过低，核心城市与一般城市和边缘城市的联系在网络中不占主导地位，更加加剧了网络整体的封闭性结构，不利于区域经济流对灾害的抵抗力和恢复力的健康发展。较高的层级性和极低的匹配性是经济网络结构韧性能力受到抑制的主要原因。

3. 网络传输性

在网络传输性评估方面，从网络传输的速度来看，三类网络的平均路径长度 L 的值为 1.5~1.7，表明长江中游城市群联系网络的路径传输效率整体普遍较高，流的传递在节点城市间中转不大于 2 个节点。其中，交通联系网络的平均路径长度为 1.532，在三者中网络路径最短，其区域可达性和扩散性相对较强；经济和信息网络平均路径长度分别为 1.611 和 1.693，城市节点之间的互补联系和互动交流的传输效率不及交通联系网络，不利于人员流动、技术扩散和信息传递等活动的发生，"流"扩散的额外成本相对较高。

4. 网络集聚性

经济、信息和交通网络的平均聚类系数分别为 0.861、0.797 和 0.692，表明网络中大部分节点城市与其相邻的城市间存在联系并倾向于形成彼此信任和长期合作的小集团，网络中落单的孤立节点较少，三类网络的整体聚类效应较明显（图 5.10）。

1）局部聚类系数差异显著，三类网络空间分布分异

具体而言，从单个节点的局部聚类系数来看三类网络，度值最高即与周边城市联系数量居首的武汉、长沙、南昌三个核心城市的局部聚类系数在 0.37~0.73 浮动，表明与该三个城市发生联系的所有邻居城市之间互动紧密程度并不显著。网络中核心城市的辐射集散能力大于带动能力，更多的是一般城市和边缘城市对核心城市的单向联系，非核

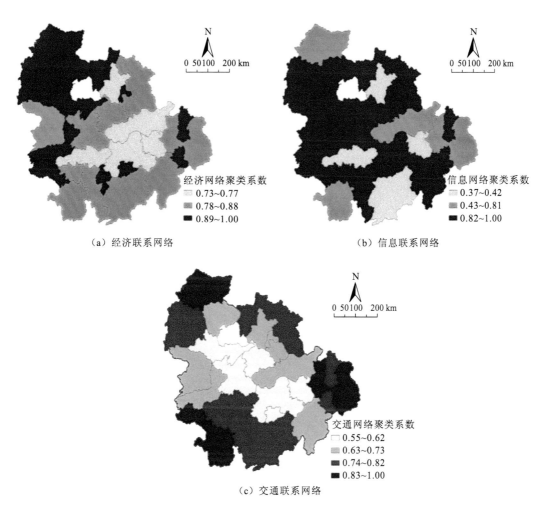

（a）经济联系网络 （b）信息联系网络

（c）交通联系网络

图 5.10 长江中游城市群联系网络聚类空间分布

心城市之间缺乏互动，网络化状态还未充分凸显。根据局部聚类系数空间分布图来看，经济联系网络主要围绕武汉、长沙、南昌—九江—宜春等核心城市或城市集合形成联系密集团块并进而呈现出半月形布局，在空间上具有一定的连续性。整个城市群范围内的紧密程度差异化现象明显；信息联系网络以武汉、长沙、南昌为聚集核心，三省高聚类系数城市的空间分布具有相似性，呈现出阶梯式差距；交通联系网络与其他两类网络相比具有显著差异，较高聚类系数城市的空间分布呈现环状分散布局在整个城市群边缘。

2）网络平均聚类系数较高，三类网络集聚效应明显

经济、信息和交通网络的整体平均聚类系数分别为 0.861、0.797 和 0.692，三类网络的聚集程度相当，大部分接近于 1，表明长江中游城市群在经济合作、信息扩散和交通运输等联系网络都具有明显的聚类效应。从结构韧性的角度理解，一方面城市群整体的聚集程度较高，有利于小集团成员间信任氛围的产生和机会主义的减少，彼此之间发生的联系往往具有一定的地域性，资源整合的范围和效率得以保障和稳步提高，网络节点倾向于共享和共赢，创新平台构建的起点更高，创新活动发生的概率更大，区域整体具备对抗冲击的能力和潜力。同时，若集聚效应不受控制而集聚增长，极有可能因为区域锁定和过度根植性滋生网络的结构僵化，形成"屏蔽门"对外界各类"流"造成阻隔，降低城市群网络的发展、适应和创新能力；另一方面，从计算结果来看，武汉、长沙和南昌等核心城市的邻居城市之间存在联系系数的结构洞和弱联系纽带，如襄阳、宜昌、常德、娄底、景德镇、上饶等区域边缘城市，其局部网络结构相对开放，有利于外界信息的进入和渗透，从而使网络具有应对干扰的"鲁棒性"。

5.2.2　常态评估中网络结构韧性综合特征

1. 总体网络特征

根据三类网络的拓扑结构（图 5.6），城市群中央核心节点组群均由武汉、长沙、南昌三个省会城市构成，并引导长江中游城市群网络形成以该组核心节点群体为中心的内聚式结构，可将其概括为"核心省会+外围散点"的总体形态。从三类网络分类来看，在经济网络核心城市组群中长沙与南昌的联系断裂，省会城市构成的核心引力三角形中仅有武汉与南昌相互吸引。武汉与长沙对周边城市的辐射效应显著，并引领周边城市形成具有网络化趋势的密集集聚团块，而南昌及其腹地甚至是江西省域范围则相对孤立。南昌辐射能力有限，与其周边一般城市的联系连线断裂，在这种情况下，导致经济联系网络整体呈现出北部和西南部密集、东南部稀疏的非均衡状态，继而形成"破碎核心+非均质嵌套三角形"的结构形态；信息网络结构全局相对平衡，三大省会城市之间相互紧密吸引并构成完整的核心联系三角形，武汉、长沙、南昌的极化作用十分显著且能力相当，并于武汉城市圈、环长株潭城市群、环鄱阳湖城市群三个次区域范围乃至各自省域范围内呈现出发散式辐射的联系状态，使整个网络形成"核心三角形+星形放射"的结构形态；交通联系网络最为成熟，核心省会城市间形成完善的核心联系三角形，武汉的带动能力表现最强，与周边一般城市紧密吸引形成明显的星形放射状，长沙与武汉相比虽辐射能力稍弱，但与湖南省内其他城市相互吸引形成一定数量的联系线，南昌相对于其他两大核心城市而言其极化带动作用相对较弱，对周边城市的吸附能力有限，发生的联系吸引较少，此外，九江、岳阳等省际对接城市已通过与核心城市的联系逐渐构建外围联系环的框架。网络全局在该种联系状态下形成"核心三角形+非均质星形放射"的结构形态（林樱子，2017）。

2. 分区网络特征

从次级城市群的层次来考察，武汉城市圈、环长株潭城市群和环鄱阳湖城市群的结构形态具有错位化特征。武汉城市圈在经济、信息和交通联系主要呈现出以武汉的辐射作用为主的格局，层级性显著，与城市圈内的黄冈、黄石、孝感、咸宁，以及圈域外的宜昌、襄阳、荆门、荆州等城市的规模等级、度值差距和聚集程度分异巨大，其对周边城市的吸纳能力突出，使得周边城市以武汉为核心与其紧密联系，从而形成众星捧月的形态。城市中间层级断裂，其他一般城市与一般城市之间的局部联系网络在核心引力的作用下被弱化，整个武汉城市圈具有明显的一极独大的结构特征，可将其结构归纳总结为"单一核心+边缘城市"；环长株潭城市群已孕育联系紧密的核心城市组群长沙、株洲和湘潭，三者在次级城市群的规模和地位差距虽有，却不巨大，三市总体外向功能量为正，对城市群其他城市乃至外界起到一定的辐射作用，三市优势产业特点各异，功能协同互补。随着时间推进，其结构嵌套和网络化趋势逐渐明显，具备构建区域局部网络城市的良好基础。基于该三市构成的核心组群向周边城市如岳阳、益阳、常德、衡阳等实现各类要素资源扩散，使环长株潭城市群的网络结构呈现出"核心组群+边缘城市"的特征；环鄱阳湖城市群的信息联系网络围绕南昌呈现出核心放射的空间形态，网络联系较为均质。但是，经济和交通联系网络非均衡发展的态势十分明显，经济网络是基于"稀疏联系"基底的非均衡，交通网络是"密集联系"基底的非均衡，局部网络的空间结构发育不健康，较其他两大次区域存在网络构建和韧性发展的空白，主要是"单一核心"的孤立结构模式（林樱子，2017）。

3. 结构韧性特征

综合网络结构韧性评估的四方面性质六大指标总体来说，网络结构韧性的评估和判断绝非依赖或仅凭单个属性值的高低就进行判断的，结构的不同属性之间相互影响，具有非线性动力学的复杂特征，应在考察多方面属性的基础上综合评估。在对经济、信息、交通三类网络的层级性、匹配性、传输性和集聚性四方面属性分别进行测度以后，根据上述计算和分析结果，三类网络在传输性方面能力相当，在集聚性方面差距不明显，而在层级性和匹配性方面的指数分异较大。

具体来讲，三类网络平均路径长度相当，资金、信息、技术流的传输效率均较高，其平均聚类系数差距不大且指数较高，网络倾向于形成多个聚集的彼此间信任和功能互补的子集团块。但因层级性和匹配性差异导致三类网络的结构韧性各异。经济联系网络由于较高的层级性搭配微弱的异配性，表现出强烈的近域管辖性，主要发生在省会城市及其近域城市节点间，核心组群与远域城市甚至是跨域城市的互动仍显不足。在此基础上其聚类系数又较高，愈加阻碍了网络的结构开放化、交流异质化和创新活跃化，结构韧性能力最差；信息联系网络与交通联系网络的度关联系数分别为-0.5106和-0.6397，均表现出明显的异配特征，且网络的聚集程度相当。但从结合度分布指数 a 综合来看，信息网络的层级性优势更为突出，具备带动网络全局发展的核心竞争力，并且在拥有辐射能力强劲的核心组群的同时，还具有丰富多样的联系路径和对象，使其在面对外界干预时能够做出快速响应，结构韧性能力在三类网络中最强；交通联系网络相对扁平，虽然网络密集且异质化，利于区域整体在面临冲击后迅速调整和发育生长，但其在区域领军节点的综合能力发展上稍显不足，因此其消化吸收并保持系统可持续运作的能力不如信息网络，排名居后。因此，根据结果综合评估，信息联系网络的韧性能力居于首位，交通联系网络其后，经济联系网络次之（林樱子，2017）。

5.3 面向中断破坏的扰动评估

5.3.1 扰动评估中网络结构韧性特征

网络中断模拟主要考察城市群内各城市应对灾害时发生的变化。研究思路如下：以城市群网络中的节点城市为对象，依次对每个城市进行仿真攻击使其失效，即中断模拟。仿真攻击的前提条件包括：一是每个节点城市一旦遭受到攻击后立即失效；二是当某一节点城市失效时，该节点城市和与之联系的所有路径都将被删除。

1. 网络传输与多样的同步性

使用 Python 编程，对中游城市群客运网络中的各个节点城市进行攻击，并评估网络结构的总体韧性水平。研究结果如图 5.11 所示，网络传输性和网络多样性的曲线走势相似，这意味着在危机情况下，客运网络的路径长度和支路数量会同时受到影响。旅客输送的备用路径减少，导致城市间客流联系的成本增加，进而使网络结构的抵抗力、响应力和恢复力同时减弱。此外，还会发生级联效应，使得城市群客运网络结构暴露出一定的脆弱性。因此，一些城市不仅是其他城市快速交流的枢纽，而且在结构韧性方面也扮演着更为重要的角色，是确保城市间多元化客运联系的重要中转站。

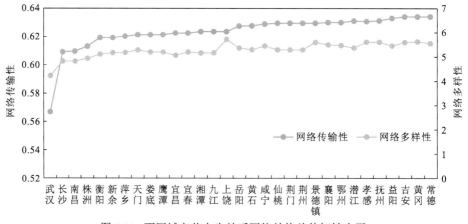

图 5.11 不同城市节点失效后网络结构总体韧性水平

图片来源：彭翀等（2019）

2. 区域大交通廊道的集聚性

长江中游城市群中存在显著影响网络结构韧性的节点，且这些节点呈现出沿着交通廊道聚集分布的空间特征。通过使用 ArcGIS 的自然断裂法，可以将城市节点失效后的网络结构总体韧性水平分为五个级别。可以观察到，长沙、湘潭、株洲、南昌、萍乡、新余等城市大部分聚集在长江以南地区，形成了一条与长江平行的轴线，该轴线与沪昆发展轴方向一致。因此，确保这条轴线的正常运行对城市群客运网络的可持续发展至关重要。进一步分析可以看出，存在一类对网络传输性和多样性同时产生影响的城市节点，本节将其称为"主导性节点"。从分析结果来看，武汉、长沙和南昌是长江中游城市群中最为典型的主导性节点，这三个城市的变化对网络传输性和网络多样性的影响度位列前三。

3. 节点韧性抗干预的差异性

根据模拟结果来看，城市节点在网络中的韧性水平会因为其他节点的失效而出现不同程度的衰减。然而，通常只有一个节点城市能够对另一节点城市产生最大干扰，该现象被称为某节点城市的最大干扰状态。进一步比较各城市在最大干扰状态下节点韧性水平的变化。图 5.12 的结果表明，网络节点城市的中断导致传输性和多样性的衰减程度不同。其中，黄冈的传输性和多样性下降最为显著，分别达到 31% 和 50%。相比之下，武汉、长沙、南昌等城市在传输性和多样性方面展示了较强的抵抗力。

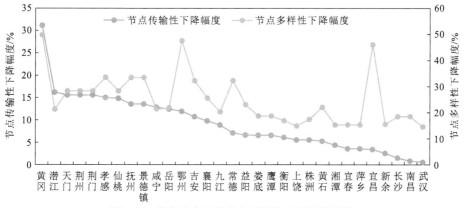

图 5.12　节点最大干扰状态下韧性水平下降幅度

图片来源：彭翀等（2019）

据此观察，客运网络中存在一类被称为"脆弱性节点"的关键节点，它们与网络结构韧性紧密有关。这些节点城市的韧性水平较容易随着其他城市的瘫痪而大幅度降低。脆弱性节点的出现削弱了城市群客运网络应对冲击的韧性能力。将第三、四层级的节点中的传输性与多样性衰减量与图 5.12 进行对应，并将其定义为脆弱性节点。典型的脆弱性节点包括景德镇、抚州、吉安、荆门、仙桃、天门、孝感等 11 个城市。这类城市在空间分布上具有集聚特征，其中，湖北省内的城市节点下降幅度较大，并围绕武汉形成了一个较为明显的脆弱性节点聚集区。横向来看，环长株潭城市群的韧性衰减程度相对较小，说明其"3+5"的城市群形态容错性高，能够更好地抵御外界干扰。

5.3.2　扰动评估中网络关键节点特征

1. 主导性节点

主导性节点的中断不仅对整体网络结构的韧性产生重要影响，而且是导致所有其他节点韧性水平显著降低的主要原因。从模拟结果可以观察到,武汉的失效对城市群中超过 60%城市的韧性水平造成最大干扰,南昌位居第二,长沙紧随其后。此外,主导节点的失效范围突破了地域界限,对三个不同次区域均产生一定的影响。具体而言,武汉的失效对环鄱阳湖城市群和环长株潭城市群中超过 50%的城市造成了最大干扰。主导性节点在网络联系中具有重要地位,同时也更容易受到攻击,是城市群可持续发展的关键所在。在结构层级方面,使用点度中心度这一指标来进行测度。点度中心度是指与某一节点有直接关联的节点的数量,反映了该节点与其他节点交流的能力。研究结果显示,武汉、长沙和南昌分别是城市群中点度中心度最高的前三个节点,它们扮演着连接其他城市并实现高效多元联系的"中转站"角色。在联系强度方面,三个省会城市不仅与许多城市保持联系,而且联系紧密。也就是说,对于这些节点而言,与主导性节点之间的交通流动最为频繁(彭翀 等,2019)。

2. 脆弱性节点

脆弱性节点的特征主要从结构位置、空间距离和城市联系特征三个方面进行研究。在分析过程中,利用 SPSS 22.0 中的相关性分析工具,对反映结构位置和空间距离的指标以及节点在最大干扰状态下的传输性与多样性水平下降的相对值进行 Pearson 相关分析。其中,结构位置用点度中心度来表征,空间距离则是指城市与相应主导节点的直线距离。同时,通过对比脆弱性节点与其他抗干扰能力较强的节点,总结脆弱性节点的城市联系特征。

研究结果表明,城市与主导节点之间的地理空间距离并不是影响节点抗干扰能力的主要因素。节点的结构位置是形成脆弱节点的关键原因。在最大干扰状态下,节点传输性与多样性水平下降的相对值与节点中心性之间存在显著相关,相关系数分别为-0.664 和-0.662。然而,节点与直线距离之间的相关性相对较弱,相关系数分别为-0.416 和-0.557。

根据模拟结果,确定了 15 个抗干预能力较强的节点(彭翀 等,2019)。这些节点的传输性与多样性衰减量均属于第一层级和第二层级。为了更清晰地对比,对城市群网络进行了简化,并确保新矩阵与原矩阵的相关性保持在 0.985。将前文所述的脆弱性节点归纳为四种类型(图 5.13 中的①~④)。由于抗干预能力较强的节点的网络联系较为复杂,联系对象数目 3~13 不等,选取其中联系对象相对较少的四个城市作为代表进行对比分析(图 5.13 中的⑤~⑧)。

黄石、九江、湘潭和衡阳等城市能够较好地抵御外界干扰,其客运联系对象更为多样化。这些城市周边形成了联系密切的集聚组团,近距离联系和远距离联系相辅相成,较大程度地丰富了联系对象的多样性。因此,这些节点在遇到冲击时仍能够保持多样化和高效化的旅客运输通道,有效地应对外部冲击。相对应地,脆弱性节点则表现出两个主要特征,即省内联系不足和省际联系缺失。以抚州、黄冈和景德镇为例,超过 60%的脆弱性节点仅与本省内的 1 个或 2 个城市产生客运联系,而且除孝感和鄂州外,其他脆弱性节点与省外没有联系。因此,这些城市在内部联系和外部联系中高度依赖核心城市的支持,从而核心城市的瘫痪会对节点的韧性产生严重影响(彭翀 等,2019)。

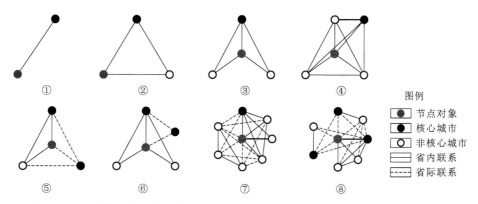

图 5.13 脆弱性节点（①～④）、抗干扰能力较强的节点（⑤～⑧）的网络联系

图片来源：彭翀等（2019）

第 6 章　基于长短周期的韧性演化评估

6.1　韧性周期评估思路

6.1.1　韧性周期评估背景

区域经济系统的发展是一个非均衡动态变化的过程（邵亦文 等，2015），在发展的过程中不断受到各种冲击和干扰的挑战。其中，各种不可预测且长期存在的自然灾害对区域经济的发展起到重大影响，例如洪涝或者干旱等极端气候，海啸、地震等突发性自然灾害以及影响国土空间安全的土地沙漠化、地表下垫面沉降以及海岸线变化等逐渐发生的灾害。与此同时，环境污染、资源衰竭、人口过剩、火灾、交通灾害、核灾害等众多人为灾害也在不断侵扰和影响区域的安全与发展。值得注意的是，随着经济全球化的推进，城市与区域成为嵌入到全球网络体系中的节点，局部地区的经济危机和衰落会引发区域内外一系列的经济级联效应。由此看来，冲击对区域经济的影响呈现复杂化、多元化的特点。因此，在面对诸多不确定要素的挑战中，区域经济系统如何实现有效应对，并维持自身经济活力以实现可持续发展，是一个亟待解决的重要问题。

不同区域面对冲击的反应不同，一些区域能迅速恢复并稳健增长，甚至取得新的发展；但另一些区域则因冲击而长期衰落，经济韧性被视为这种差别的关键解释（彭荣熙 等，2021；谭俊涛 等，2020）。经济韧性在区域层面上被理解为地方在遭受多种内外冲击的情况下，对抵御冲击和复苏经济发展的能力，此概念对探讨区域经济的表现不同和可持续增长具有重要的理论价值。现有研究成果中，演化经济韧性概念摆脱了传统工程韧性、生态韧性思维对短期冲击（如经济危机、地震和海啸等）的重视和均衡态的追求，认为区域经济发展是一个长期非均衡动态演变的过程，关注区域经济持续发展过程中的经济韧性演化，对解释区域产业结构和各类经济活动的成长、成熟和衰落，更具理论说服力和现实指导价值。由此可见，区域经济韧性研究存在长短周期两种维度：短周期经济韧性描述的是城市或区域在遭受经济危机、大规模自然灾难或主要企业崩溃等短期影响时，其经济反应的不同情况；长周期经济韧性揭示了在遭遇连续且相对缓和的干扰下，如气候变迁、资源缺乏及行业衰退等，区域或城市的应对表现。

影响经济韧性的因素在长短周期视角下的差异可能较大，短周期经济韧性的关键在于冲击的类型与特征（王永贵 等，2020；杜志威 等，2019），所以明确冲击种类及其时期划分尤为关键；相对地，长周期经济韧性体现了区域或城市为适应持续环境变动而进行的结构调整能力（彭荣熙 等，2021），可视为区域或城市的一个属性，与城市的经济发展基础、产业结构和创新能力等密切相关（杜文瑄 等，2022；郭将 等，2019；Davies et al.，

2009）。区域经济韧性实证研究的情景多为短期冲击，即分析应对同一冲击时区域经济韧性出现空间分异的原因，但对长期扰动情景的研究相对较少。而且在经济韧性影响因素分析的既有研究成果中，多数是将整个短期冲击视为整体，而将短期冲击进行分解并从不同发展阶段视角揭示其影响因素还有待完善。本章部分研究内容来源于团队的研究成果（王强，2022）。

6.1.2　韧性周期评估步骤

第一步，对长江中游城市群短周期经济韧性地进行测度与特征分析（表 6.1）。首先，以 GDP 增速为分析指标，将全国 GDP 增长率作为基准，通过识别区域生产总值增长的最高点与最低点来判定经济周期；然后，运用经济周期模型法对长江中游城市群短周期经济韧性进行测度；最后，利用数理统计方法、ArcGIS 空间分析法和 Geo-Da 空间自相关分析对区域短周期经济韧性的时序演化、空间演化和空间关联等特征进行分析。

第二步，进行长江中游城市群长周期经济韧性的评估和特征分析（表 6.1）。首先，构建经济韧性的测度指标体系，包含指标选取和权重确定；然后，基于指标体系运用极值熵值法对长江中游城市群长周期经济韧性水平进行测度；最后，利用与短周期相同的方法，对区域长周期经济韧性的时序演化、空间演化和空间关联等特征进行分析。

第三步，对影响长短周期经济韧性的因素进行分析。短周期经济韧性影响因素选用地理探测器法进行分析影响，长周期经济韧性影响因素选用障碍度模型法进行分析。

第四步，对区域长短周期经济韧性演化与影响因素进行综合对比分析，继而厘定影响长江中游城市群经济韧性提升的关键要素。

表 6.1　双周期情景经济韧性评估分析

冲击类型	方法	研究时段	研究内容
短期剧烈冲击	经济周期模型法、地理探测器	1992～2020 年	测度区域或城市应对短期冲击的经济韧性表现；分析应对冲击的抵抗力和冲击后的恢复力以及时空演化特征，并进行影响因素分析
长期缓慢扰动	指标体系测度法、障碍度模型	2000～2020 年	测度区域或城市的经济韧性综合水平，分析经济韧性的时空演化特征，并进行影响因素分析

6.2　韧性周期评估方法

6.2.1　短周期经济韧性评估方法

1. 抵抗力和恢复力指数

短期冲击可根据冲击的开始和结束分为两个阶段，即应对冲击的经济收缩期（区域经济的增速下滑时段，即波峰到波谷）和冲击后的经济扩张期（区域经济的增速上升时段，即波谷到波峰）。在收缩期，主要是区域经济韧性的抵抗力在发挥作用，减少冲击对区域经济的影响；在扩张期，主要是区域经济韧性的恢复力和适应力在起作用，促进区域经济快速恢复或转型发展。由于受到短期冲击后区域经济不一定会通过适应力实现转型发展，故主要测度短期冲击情景下收缩期的抵抗力和扩张期的恢复力。利用经济周期模型法（Martin et al.，2015）进行测度，计算公式为

$$(\Delta G_i^{t+k})^{预期} = G_i^t \cdot g_N^{t+k} \tag{6.1}$$

式中：$(\Delta G_i^{t+k})^{预期}$ 为城市 i 在收缩期或扩张期 $(t+k)$ 的预期生产总值变化量；G_i^t 为城市 i 在初期 t 的生产总值；g_N^{t+k} 为收缩期或扩张期全国生产总值的变化率。

收缩期经济韧性（抵抗力）计算公式为

$$\text{Resis}_i = \frac{(\Delta G_i^{收缩期})^{实际} - (\Delta G_i^{收缩期})^{预期}}{\left|(\Delta G_i^{收缩期})^{预期}\right|} \tag{6.2}$$

式中：Resis_i 为城市 i 在收缩期的经济韧性（抵抗力）大小；$(\Delta G_i^{收缩期})^{实际}$ 为城市 i 在收缩期的生产总值（GDP）实际变化量；$(\Delta G_i^{收缩期})^{预期}$ 为城市 i 在收缩期的生产总值预期变化量。

扩张期经济韧性（恢复力）计算公式为

$$\text{Recov}_i = \frac{(\Delta G_i^{扩张期})^{实际} - (\Delta G_i^{扩张期})^{预期}}{\left|(\Delta G_i^{扩张期})^{预期}\right|} \tag{6.3}$$

式中：Recov_i 为城市 i 在扩张期的经济韧性（恢复力）大小；$(\Delta G_i^{扩张期})^{实际}$ 为城市 i 在扩张期的生产总值实际变化量；$(\Delta G_i^{扩张期})^{预期}$ 为城市 i 在扩张期的生产总值预期变化量。

2. 经济周期的划分和冲击识别

长江中游城市群地域范围涉及湖北省、湖南省和江西省三个省份，为确保城市之间的比较性，以全国经济产出增速变化为参考基准，将两个峰值及其间隔定义为一个经济周期。1990～2020 年湖北省、湖南省与江西省的生产总值增速变化基本与全国保持一致，因此，以全国经济产出增速变化为参考基准既确保了不同城市之间的可比性，又具备一定的科学性。从而将 1990～2020 年划分为三个时期，分别为 1992～1999 年的收缩期、2000～2007 年的扩张期和 2008～2020 年的收缩期。

通过对 1990～2020 年全国层面受到的内外部主要短期冲击进行识别分析，可以发现：1992～1999 年的收缩期主要是由于 1992 年中国经济体制改革和 1998 年亚洲金融危机的冲击，2008～2020 年的收缩期主要受到 2008 年全球金融危机的冲击。此外，2009～2010 年中国及其三省份的生产总值增速经历了短暂回升，主要是由于国家实施的"4 万亿"政策以对抗 2008 年的全球金融风暴。但此增长仅持续了一年，从 2010 年开始，生产总值增长率持续降低。因此，本小节将 2009～2010 年的数据仍划分在 2008～2020 年经济衰退期的一部分进行分析。共测度了 1992～2007 年一个完整经济周期区域经济韧性的抵抗力和恢复力表现，以及 2007～2020 年的收缩期的区域经济韧性的抵抗力表现。

6.2.2　长周期经济韧性评估方法

1. 评估指标体系的构建

经济韧性在演化发展过程中受到诸多因素的影响，国内外学者对区域经济韧性的影响因素展开了诸多研究，并产生了较为丰富的研究成果。Martin 等（2015）提出了构成因素、集体因素和环境因素三种影响因素的类型，构成因素泛指特定地区的产业结构构成，集体因素表示的是产业门类与企业之间的关系，而环境因素是指地区经济和产业在更广阔地域分工中的存在方式，此外还强调了政策和制度环境对区域经济韧性的重要影响。基于现有文献的梳理，从 7 个维度 15 个指标构建区域经济韧性的测度指标体系（表 6.2），通过极值熵值法确定各指标权重。考虑到数据的可获得性，本小节采集了 2000～2020 年长江中游城市群的相关数据进行分析。

表 6.2　经济韧性评估指标体系

准则层	指标层	计算方法（量纲）	指标代码
经济发展基础	人均 GDP	绝对数（元）	X_1
	人均可支配收入	绝对数（元）	X_2
	恩格尔系数	食品支出总额/家庭或个人消费支出总额（%）	X_3
产业结构	工业增加值占 GDP 的比重	工业增加值/GDP（%）	X_4
	第三产业增加值占 GDP 的比重	第三产业增加值/GDP（%）	X_5
创新能力	R&D 经费支出	绝对数（亿元）	X_6
	高新技术企业数量	绝对数（个）	X_7
政府治理能力	财政自给率	地方财政收入/地方财政支出（%）	X_8
	人均固定资产投资额	绝对数（元）	X_9
劳动力状况	失业率	失业人数/劳动力人数（%）	X_{10}
	高等学校在校学生数	绝对数（万人）	X_{11}
金融支撑能力	金融业增加值占 GDP 比重	金融业增加值/GDP（%）	X_{12}
	金融机构存款余额占 GDP 比重	金融机构存款余额/GDP（%）	X_{13}
外贸情况	FDI 占 GDP 比重	外国直接投资额/GDP（%）	X_{14}
	外贸依存度	地区进出口总额/GDP（%）	X_{15}

资料来源：彭䋮等（2024）。FDI 为外国直接投资（foreign direct investment）。

1）经济发展基础

经济发展基础是经济韧性的重要支撑，选取人均 GDP、人均可支配收入、恩格尔系数作为表征经济发展基础的指标。GDP 即国内生产总值，是反映区域经济总体状况的指标，指标可通过地区生产总值与地区总人口数量相比得出，指标数值越大说明区域经济发展基础越好，该指标为正指标；人均可支配收入是指居民可用于最终消费支出和储蓄的总和，即居民可用于自由支配的收入，可以反映区域经济总体的运行状况和居民的消费水平，指标数值越高意味着居民消费水平越高、消费能力越强，区域经济活力较强，该指标为正指标；恩格尔系数是居民家庭中食物支出占消费总支出的比重，指标数值越大说明消费结构越低级，指标数值越小说明家庭收入水平越高、消费结构越高级，消费结构升级和收入水平提高意味着市场需求在不断升级以及有着新的经济市场需求，区域经济系统有转型升级的市场潜力。

2）产业结构

产业结构指该地区经济活动中不同产业的比重和分布情况，可以反映出该地区的经济发展水平、产业竞争力和未来的发展方向，选取工业增加值占 GDP 的比重、第三产业增加值占 GDP 的比重作为表征经济发展产业结构的指标。工业增加值占 GDP 的比重是衡量一个国家或地区经济中工业部门重要性的指标，比重越高，说明该国家或地区的工业部门在经济发展中所占据的地位越重要，制造业、采矿业、能源等方面的发展较为强劲，对经济的支撑作用较大；第三产业增加值占 GDP 的比重指服务业部门在国民经济中创造的附加值所占 GDP 总量的比重，比重高说明该国家或地区的产业结构已经向服务业为主导的方向转变，区域正在或已经摆脱对传统工业经济的依赖，发展模式更趋向于以提供服务、知识和技术为基础的模式，区域经济系统也更加成熟稳定。

3）创新能力

创新能力是指一个国家或地区在科技、文化、制度等方面进行创新的能力，可以促进技术进步和生产力提升，推动产业升级和结构优化，从而促进经济增长和发展，选取 R&D 经费支出、高新技术企业数量作为表征创新能力的指标。R&D 经费支出反映企业或地区用于科学技术研发的资金、人力、物力等方面的投入，是体现企业或地区科技创新能力的重要指标，研发经费支出越高，表明该企业或地区在科技创新方面的投入越大，具备更强的创新能力；高新技术企业是依托科技成果和知识产权而创办的企业，高新技术企业数量的多少不仅反映了一个地区的创新环境、政策支持等因素，同时也反映了该地区的科技投入和技术人才的数量和质量。

4）政府治理能力

政府治理能力是指政府管理国家事务的能力，包括政策制定、执行和监督等方面，选取财政自给率、人均固定资产投资额作为表征政府治理能力的指标。财政自给率是政府财政的一般预算内收入与一般预算内支出的比值，指标数值大于 0 说明财政有结余，指标小于 0 说明入不敷出，该指标数值表示财政自力更生的能力，财政自给率更高的城市在冲击影响后的恢复期能够更加游刃有余地通过财政支出支持经济复苏。人均固定资产投资额可以反映一个地区政府在基础设施建设领域的投入水平，投资额越高说明政府对社会发展问题的重视程度越高，具备更强的决策能力和执行力。

5）劳动力状况

劳动力状况是指一个国家或地区的劳动力人口数量、素质水平、就业率等方面的状况，劳动力是经济生产的重要因素，它的素质水平和数量直接影响经济的发展水平，选取失业率、高等学校在校学生数作为表征劳动力状况的指标。失业率被定义为在一定时间内，满足所有就业条件但未获得工作的劳动力与总就业人口的比值，主要用于衡量国家或地区的失业情况，失业率较高的地区经济缺乏活力，难以提供足够的就业岗位，且还容易造成社会不稳定等诸多社会问题。随着经济发展和技术创新的推进，人才对社会和产业的发展愈加重要，高等教育则是为满足社会对高素质人才需求的重要途径之一，高等学校在校学生数的多寡可以反映一个地区接受高等教育的人才储备与劳动力状况。

6）金融支撑能力

金融支撑能力是指金融机构为经济活动提供融资、投资、支付、结算等服务的能力，金融机构提供的融资和投资服务就是经济发展的基础，选取金融业增加值占 GDP 比重、金融机构存款余额占 GDP 比重作为表征金融支撑能力的指标。金融业增加值占 GDP 比重可以反映出一个地区金融业的发展水平，区域金融业发展水平越高，其金融支撑能力也就越强，从而可以更好地为当地经济社会的发展提供支持。金融机构存款余额占 GDP 比重体现区域经济发展资金支持情况，金融机构存款余额越多，可对市场进行贷款的余额也就越多，充足的资本供给可以为区域经济恢复发展提供有力的支持。

7）外贸情况

外贸是指一个国家或地区与其他国家或地区进行的贸易活动，选取外贸依存度、外国直接投资（FDI）占 GDP 比重作为表征外贸情况的指标。外贸依存度表示在特定时间内，一个国家或地区的进出口总额与其同期国内生产总值（GDP）的比率，反映经济系统的内外需平衡状况，外贸依存度越高，区域经济系统越依赖外需市场，经济系统的外向化程度越高，越容易遭受冲击扰动的干扰；该指标属于逆指标，指标数值越大表明对外需市场越依赖，经济系统对外部环境敏感性越高。FDI 占 GDP 比重是体现外部支持力度的主要指标，FDI 是指外国企业和资本在区域经济市场的投资，有助于带动 GDP、拉动就业和产生溢出效应，在冲击后的区域经济恢复发展阶段，FDI 能够对经济系统产生有效促进恢复作用，该指标为正指标，指标数值越大说明外部投资和支持力度越大。

2. 评估指标权重确定与测算

利用熵值法确定权重，具体步骤如下。

1）构建原始指标数据矩阵

假设有 n 个城市和 m 个评价指标，则构成了原始指标数据矩阵：$\boldsymbol{X} = \{X_{ij}\}_{n \times m}$（$i = 1, 2, 3, \cdots, n$；$j = 1, 2, 3, \cdots, m$），$X_{ij}$ 是 i 城市 j 项指标的原始指标值。

2）极值标准化处理

评价指标 X_{ij} 为正指标，数值越大对评估结果越好：

$$X'_{ij} = \frac{X_{ij} - \min\{X_j\}}{\max\{X_j\} - \min\{X_j\}} \tag{6.4}$$

评价指标 X_{ij} 为逆指标，数值越小对评估结果越好：

$$X'_{ij} = \frac{\max\{X_j\} - X_{ij}}{\max\{X_j\} - \min\{X_j\}} \tag{6.5}$$

式中：$X'_{ij}(i=1,2,3,\cdots,n; j=1,2,3,\cdots,m)$ 是 i 城市 j 项指标经过极值标准化后的值，$\max\{X_j\}$ 是所有年份中 j 项评价指标的最大值，$\min\{X_j\}$ 是所有年份中 j 项评价指标的最小值。

3）指标权重的确定

计算指标比重，i 城市 j 项指标的比重 P_{ij}：

$$P_{ij} = X'_{ij} / \sum_{i=1}^{n} X'_{ij} \tag{6.6}$$

计算 j 项指标的熵值 e_j：

$$e_j = -\frac{1}{\ln n} \sum_{i=1}^{n} P_{ij} \ln P_{ij} \quad (e_j \geqslant 0) \tag{6.7}$$

计算 j 项指标的差异系数 g_j：

$$g_j = 1 - e_j \tag{6.8}$$

计算 j 项指标的权重 W_j：

$$W_j = \frac{g_j}{\sum\limits_{j=1}^{m} g_j} \quad (j=1,2,3,\cdots,m) \tag{6.9}$$

4）加权求和，得出经济韧性值

用各项标准化后评价指标数值进行加权求和，计算经济韧性值 Y

$$Y = \sum_{1}^{j} W_j \times Y_j \tag{6.10}$$

式中：Y_j 为不同经济韧性属性的对应指标值。

6.2.3 影响因素分析方法

由于区域经济韧性在不同情景下的影响因素可能存在一定的差异，本小节对短期冲击情景和长期扰动情景的影响因素均进行分析，为进一步提出区域经济韧性在不同情景下优化策略提供基础。

1. 短周期经济韧性影响因素分析方法

地理探测器的因子探测功能可识别各种情景下区域经济韧性的核心影响因素，通过对比特定指标在不同类别分区的总方差与其在全研究范围内总方差的差异来实现（王劲

峰 等，2017），其模型如下：

$$q = 1 - \frac{1}{N\sigma^2}\sum_{h=1}^{L}N_h\sigma_h^2$$　　　　（6.11）

式中：q 为驱动因素解释力，$h=1,2\cdots,L$ 为变量 Y 或因子 X 的分类；N_h 和 N 分别为层 h 和全区样本单元数；σ_h^2 和 σ^2 分别为层 h 和全区的 Y 值的方差；q 取值范围为[0,1]，q 值越大说明影响因子 X 对区域经济韧性（变量 Y）的解释力越强。

　　本小节选取波峰或波谷年份的数据进行短周期经济韧性影响因素分析。在数据处理和分析方面，由于地理探测器要求自变量的数据类型是类型量，所以首先利用 ArcGIS 自然断点分级法对各影响因子进行离散化处理，然后分别计算短期冲击和长期扰动双情景下长江中游城市群经济韧性影响因素的解释力大小；此外，由于地理探测器仅能分析影响因素的解释力大小，并不能判断作用方向，所以本小节进一步利用 SPSS 相关性分析来研究影响因素对经济韧性的作用方向。

2. 长周期经济韧性影响因素分析方法

　　为了避免长周期经济韧性的因果关系混淆，采用障碍度模型对影响要素进行研究。通过现有指标体系，利用因子贡献度、偏离度及障碍度三个指标，进一步分析诊断，并确定关键影响因素（雷勋平 等，2016）。

6.3　经济韧性评估与特征

6.3.1　短周期经济韧性评估与特征

1. 时序演化特征

1）整体呈现"高抵抗—低恢复—高抵抗"的演进特征

　　测度结果表明，在 1992～1999 年的收缩期，长江中游城市群抵抗力均值水平与大部分城市整体抵抗力均大于 0，仅咸宁、襄阳、荆州、九江、新余、吉安、宜春、抚州和上饶 9 座城市小于 0，这一时期长江中游城市群整体表现出较强的经济韧性，应对经济体制改革和亚洲金融危机的表现要高于全国平均水平；在 2000～2007 年的扩张期，长江中游城市群恢复力均值水平与大部分城市的恢复力低于 0，仅长沙、南昌、景德镇、萍乡、九江、新余、鹰潭、抚州和上饶 9 座城市抵抗力水平大于 0，这一时期长江中游城市群经济发展相对缓慢，整体低于全国平均水平；在 2008～2020 年的收缩期，长江中游城市群大部分城市的抵抗力水平大于 0，仅景德镇、萍乡和新余 3 座城市抵抗力水平小于 0，长江中游城市群在这一时期表现出较强的经济韧性水平，受 2008 年全球金融危机影响小于全国平均水平。综合来看，在 1992～2007 年这一完整的经济周期中，长江中游城市群在面对经济体制改革和亚洲金融危机的双重挑战时，其抵御能力相对较强，但其经济恢复速度低于全国平均水平,抵御能力的实际表现明显优于恢复能力,这意味着该地区在遭受经济冲击时的下滑幅度比经济回升的幅度要小。在2008~2020年的收缩期,长江中游城市群总体上仍表现出较强的抵抗力,受2008年全球金融危机的影响较小,区域经济表现高于全国平均水平。总体而言,长江中游城市群经济韧性在三个时期呈现"高抵抗—低恢复—高抵抗"的演进特征。

由区域受不同经济冲击的表现可以发现,经济韧性水平受制于时代发展背景、冲击类型以及地理区位等多重因素的影响。首先,1992~1999年和2008~2020年的收缩期均受到了国际金融危机的影响,而长江中游地区相比东部沿海地区与国际经济联系较弱,受到冲击的影响也相对较小,两次收缩期的抵抗力均高于全国均值。其次,在2000~2007年的扩张期,我国正处于加入WTO、积极融入国际市场的发展时期,东部沿海地区由于天然区位优势和政策倾向,与国际市场建立了密切联系和经济交往,而长江中游地区位于我国中部区位,对外联系相对较弱,这一时期的恢复力水平相对较低。进一步分析长江中游内部,呈现较高恢复力水平的城市外贸依存度也相对较高,同时受到金融危机冲击后的衰退也较大,进一步验证了外向型越强的区域,其经济系统可能越容易产生较大波动(蔡冰冰 等,2019),经济系统在恢复期的发展方向和动力来源在助力区域经济快速恢复发展的同时也会产生较大风险,可能会造成经济系统在下一轮冲击中遭受较大的衰退。

2)前一轮冲击的恢复力与新一轮冲击的抵抗力显著负相关

如表6.3所示,长江中游城市群在1992~2007年应对经济体制改革和亚洲金融危机的抵抗力与恢复力并无显著相关,而在2000~2007年的扩张期恢复力与2008~2020年的收缩期抵抗力之间存在负相关关系。这一定程度上表明长江中游城市群在经济体制改革和亚洲金融危机的剧烈冲击后,恢复力较弱的城市在面临2008年全球金融危机的冲击时展现较高的抵抗力,而恢复力较强的城市在面临新一轮冲击时展现较弱的抵抗力。

表6.3　区域经济韧性恢复力和抵抗力Pearson相关性

不同阶段经济韧性	抵抗力 (1992~1999年)	恢复力 (2000~2007年)	抵抗力 (2008~2020年)
抵抗力(1992~1999年)	1		
恢复力(2000~2007年)	−0.159	1	
抵抗力(2008~2020年)	−0.041	−0.362*	1

注:上角标"*"表示在5%级别(双尾),相关性显著。

有学者认为,区域经济系统在前一轮冲击的恢复阶段会促进经济基础的发展和经济结构及功能的变化,这些发展和变化会作用于下一轮的冲击抵抗,一般认为前一次经济周期的扩张期恢复力越强,城市或区域面对下一轮冲击时的抵抗力就会越强(Martin et al.,2015)。进一步分析可以发现,这种结论主要适用于恢复期发展方向和动力来源并无较大风险隐患的情况,否则在区域经济快速恢复发展的同时也会产生较大风险,很可能造成经济系统在下一轮冲击中遭受更大的衰退。以长江中游城市群经济韧性测度为例,2000~2007年的恢复期中,一些恢复力水平较高的城市,其经济水平得到较大的提高,但进一步分析可以发现,这段时期恢复力水平较高城市的外贸依存度也相对较高(表 6.4),其经济发展和恢复力水平主要是受到了国际市场贸易的推动作用,这种外向型经济发展也同时带来了较大的风险,当国际市场环境出现较大变化时,外贸依存度越高和外向型越强的城市的经济系统越容易受到较大冲击,这也解释了为何 2008 年全球金融危机发生后,2008~2020 年的收缩期抵抗力与 2000~2007 年的扩张期恢复力呈现负相关关系。所以,短周期经济韧性的演化发展,受到经济系统的主导发展方向和冲击类型的影响,当经济系统主导发展方向与冲击类型密切相关时,会对区域和城市的经济韧性水平产生较大的负面影响。

表 6.4 长江中游城市群各城市 1999~2007 年恢复力与 2007 年外贸依存度

地级市	1999~2007 年恢复力	2007 年外贸依存度/%
鹰潭市	1.14	79.60
新余市	0.86	34.46
长沙市	0.37	12.08
南昌市	0.25	16.71
萍乡市	0.23	5.74
上饶市	0.06	3.93
九江市	0.05	4.51
抚州市	0.04	5.16
景德镇市	0.03	7.11
武汉市	-0.04	23.11
吉安市	-0.09	3.27
宜春市	-0.09	3.74
岳阳市	-0.11	1.90
常德市	-0.14	1.60
株洲市	-0.15	10.15
黄石市	-0.20	20.12
衡阳市	-0.23	7.68
湘潭市	-0.26	17.87
娄底市	-0.30	10.47
宜昌市	-0.31	7.55
咸宁市	-0.32	2.61
鄂州市	-0.36	5.63
益阳市	-0.41	4.02
潜江市	-0.48	6.10
襄阳市	-0.49	3.79
天门市	-0.55	2.74
荆州市	-0.57	8.24

地级市	1999～2007 年恢复力	2007 年外贸依存度/%
仙桃市	-0.57	6.55
荆门市	-0.58	3.88
孝感市	-0.61	3.53
黄冈市	-0.72	5.28

3）三次产业韧性差异化

利用 Pearson 相关性对三次产业恢复力或抵抗力与区域整体韧性水平进行相关性分析。根据表 6.5 测度结果，在 1992～1999 年的收缩期，三次产业抵抗力水平对长江中游城市群整体抵抗力水平均有显著的正向影响作用，其中三次产业抵抗力与整体抵抗力相关程度均为极强相关（0.8～1.0），且第一产业相关程度最强。结合图 6.1 可以发现，在国家经济体制改革和 1998 年亚洲金融危机的冲击下，长江中游城市群保持较高的抵抗力水平得益于第二产业和第三产业较高的恢复力水平；此外，由于这一时期区域内绝大多数城市的产业结构中第一产业占比都大于 20%，所以第一产业抵抗力表现较弱也会对整体抵抗力产生了一定的影响，如咸宁、襄阳、荆州、九江、新余、吉安、宜春、抚州和上饶这 9 个城市的第一产业在产业结构中的占比均大于 20%，且第一产业抵抗力水平均小于 0，而这 9 个城市的整体抵抗力均小于 0，低于全国平均水平。

表 6.5　1992～1999 年区域整体抵抗力与三次产业抵抗力相关性

相关性参数	第一产业抵抗力	第二产业抵抗力	第三产业抵抗力
Pearson相关性	0.915**	0.851**	0.884**
Sig.（双尾）	0.000	0.000	0.000

注：上角标"**"表示在 1%级别，相关性显著。

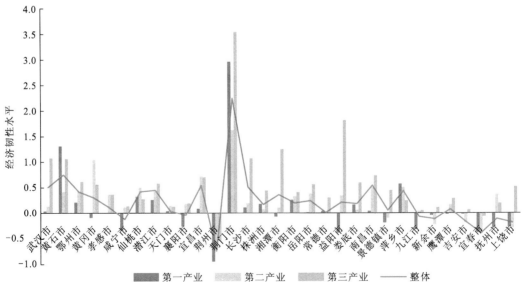

图 6.1　1992～1999 年长江中游城市群整体及三次产业抵抗力

根据表 6.6 评估结果，在 1999～2007 年的扩张期，第二产业和第三产业恢复力水平对长江中游城市群整体恢复力水平有显著的正向影响作用，且第二产业、第三产业恢复力与整体恢复力的相关程度均为极强相关（0.8～1.0），而第一产业恢复力与整体恢复力没有显著的相关性。结合图 6.2 可以发现，长江中游城市群在短期冲击后表现较低的恢复力水平主要是因为第二产业和第三产业恢复力水平较低，其中第三产业恢复力表现最差，影响最大；长沙、南昌、萍乡、新余和鹰潭等城市表现出较高的经济韧性水平主要是因为第二产业具有较高的恢复力水平，而黄冈、孝感、鄂州、咸宁、仙桃、潜江、天门、荆州、荆门、襄阳、宜昌和娄底等城市表现出较低的经济韧性水平也主要归因于第二产业和第三产业恢复力水平较低。此外，一方面随着产业结构的升级，第一产业在产业结构中的占比逐渐降低；另一方面经济体制改革和亚洲金融危机等社会经济冲击对第一产业的影响相对有限，第一产业更容易受到大型自然灾害的影响，所以在冲击后的扩张恢复阶段第一产业对长江中游城市群整体经济恢复和韧性水平贡献作用不大，同时也解释了第一产业恢复力与整体恢复力呈现的不相关性。

表 6.6　1999～2007 年区域整体恢复力与三次产业恢复力相关性

相关性参数	第一产业恢复力	第二产业恢复力	第三产业恢复力
Pearson 相关性	0.228	0.963[**]	0.891[**]
Sig.（双尾）	0.217	0.000	0.000

注：上角标"**"表示在 1%级别，相关性显著。

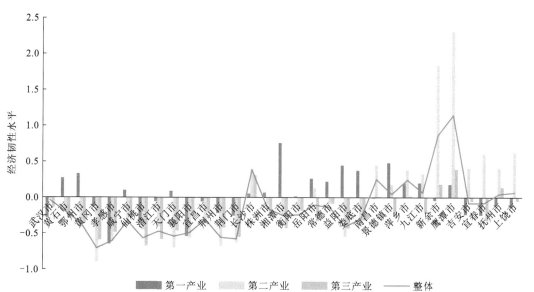

图 6.2　1999～2007 年长江中游城市整体及三次产业恢复力

根据表 6.7 评估结果，在 2007～2020 年的收缩期，三次产业抵抗力水平对长江中游城市群整体抵抗力水平均有显著的正向影响作用，其中第二产业抵抗力与整体抵抗力相关程度为极强相关（0.8～1.0），第三产业抵抗力与整体抵抗力相关程度为强相关（0.6～

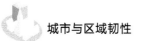

0.8），第一产业抵抗力与整体抵抗力相关程度为中等程度相关（0.4～0.6）。结合图 6.3、表 6.8 可以发现，在 2008 年全球金融危机的冲击下，长江中游城市群整体表现出较强的经济韧性水平主要是受到第二产业和第三产业表现出较高抵抗水平的影响，其中第二产业的抵抗力表现更为突出；景德镇、萍乡和新余 3 个城市经济韧性表现略低于这一时期全国平均水平，主要是因为第二产业和第三产业抵抗力表现较差，尤其是三个城市的第二产业经济韧性水平均小于 0；而武汉、鄂州、咸宁、襄阳、宜昌、长沙、九江、宜春等城市表现出较高的经济韧性水平也主要归因于第二产业和第三产业抵抗力水平较高，第二产业抵抗力表现更是远高于全国平均水平。此外，第一产业抵抗力虽然与整体抵抗力存在中等程度的相关关系且区域第一产业抵抗力表现不佳，但长江中游城市群内各城市的第一产业占比均在 10% 左右，对整体经济难以产生较大影响。

表 6.7　2007～2020 年区域整体抵抗力与三次产业抵抗力相关性

相关性参数	第一产业抵抗力	第二产业抵抗力	第三产业抵抗力
Pearson 相关性	0.533**	0.807**	0.646**
Sig.（双尾）	0.002	0.000	0.000

注：上角标"**"表示在 1% 级别，相关性显著。

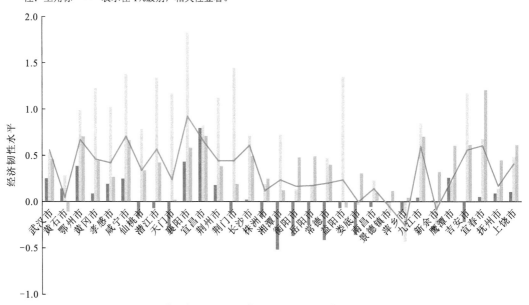

图 6.3　2007～2019 年长江中游城市整体及三次产业抵抗力

表 6.8　长江中游城市群三次产业结构占比　（单位：%）

城市名称	1992 年			1999 年			2007 年			2019 年		
	第一产业	第二产业	第三产业	第一产业	第二产业	第三产业	第一产业	第二产业	第三产业	第一产业	第二产业	第三产业
武汉市	13	52	34	7	44	49	4	46	50	2	37	61
黄石市	11	57	31	10	52	39	8	53	39	6	51	43

续表

城市名称	1992 年			1999 年			2007 年			2019 年		
	第一产业	第二产业	第三产业	第一产业	第二产业	第三产业	第一产业	第二产业	第三产业	第一产业	第二产业	第三产业
鄂州市	24	51	25	16	54	30	15	52	33	9	48	43
黄冈市	47	29	23	28	44	29	32	33	35	17	38	45
孝感市	43	31	24	31	39	30	23	40	38	13	43	44
咸宁市	43	34	23	28	42	30	24	42	34	13	44	43
仙桃市	41	31	28	25	39	36	21	45	34	11	46	43
潜江市	38	37	25	24	41	35	21	45	34	10	50	40
天门市	37	38	25	25	44	31	26	37	36	13	47	40
襄阳市	39	38	22	25	46	28	18	44	39	9	48	42
宜昌市	30	47	24	17	54	28	13	53	34	9	46	45
荆州市	48	30	21	33	38	29	30	34	37	17	37	46
荆门市	33	45	23	27	39	34	25	38	37	12	47	41
长沙市	20	48	32	12	43	45	6	45	49	3	38	59
株洲市	23	50	26	18	49	33	13	53	34	7	45	47
湘潭市	26	49	24	15	45	40	16	47	38	6	49	44
衡阳市	40	32	26	31	37	32	23	40	37	11	32	56
岳阳市	38	35	27	25	40	35	19	49	32	10	40	50
常德市	40	37	22	31	39	30	24	42	34	11	40	49
益阳市	52	31	18	26	35	39	2	31	41	16	43	42
娄底市	28	50	22	21	49	30	20	48	33	11	39	51
南昌市	20	45	34	11	47	41	6	54	39	4	47	49
景德镇市	19	53	28	12	49	39	9	56	35	7	44	49
萍乡市	19	49	31	15	54	31	9	61	30	7	45	48
九江市	32	38	30	20	44	36	14	53	33	7	48	45
新余市	27	45	27	22	43	35	9	63	28	6	47	47
鹰潭市	36	39	25	25	43	32	10	65	25	7	53	40
吉安市	47	30	23	40	31	30	24	43	33	10	45	44
宜春市	47	32	21	37	32	30	22	50	28	11	42	47
抚州市	55	25	20	37	36	27	22	47	31	14	38	48
上饶市	46	34	20	33	32	34	19	46	35	11	39	50

结合上述分析可以发现：首先，随着区域产业结构的不断升级和优化，第一产业抵抗力或恢复力对区域整体经济韧性的影响作用逐渐降低，第二产业、第三产业抵抗力或恢复力对区域整体经济韧性的影响作用则不断上升；1992~1999 年的收缩期中，长江中

游城市群第一产业占比较高，区域整体及各城市的抵抗力水平受到第一产业抵抗力水平影响较大，而在2007～2020年的收缩期中，随着产业结构的不断升级优化，虽然在冲击下第一产业抵抗力水平表现不佳，但较高的第二产业、第三产业抵抗力水平使得区域整体依然表现出高抵抗力水平。其次，在面对同一冲击的不同阶段（收缩期和扩张期），三次产业的抵抗力和恢复力表现也存在一定的差异性；在1992～1999年的收缩期中，第三产业抵抗力均值最高，第一产业抵抗力均值最低，而在1999～2007的恢复期中，第一产业恢复力均值最高，第三产业恢复力均值最低，在同一冲击下的不同阶段，三次产业的抵抗力与恢复力表现呈现了完全相反的情况。

2. 空间演变特征

1）抵抗力高值区沿重要空间发展轴聚集

1992～1999年的收缩期中，抵抗力高值区集聚于长江中游城市群北部和省会城市。如图6.1所示，长江中游城市群的经济韧性水平整体呈现"北高南低"的空间分布特征，除长沙、南昌等省会城市的抵抗力处于高值水平之外，抵抗力高值区主要集聚在宜昌、荆门、武汉和黄石等长江中游城市群的北部片区城市。进一步分析可以发现，这一时期长江中游城市群内三大主体空间（武汉城市圈、环长株潭城市群和环鄱阳湖城市群）的经济韧性也呈现一定的空间分异特征。位于长江中游城市群北部的武汉城市圈（包含武汉、黄石、鄂州、孝感、黄冈、咸宁、仙桃、天门和潜江9座城市）抵抗力水平最高，经济韧性水平远高于全国平均水平；环长株潭城市群（包含长沙、株洲、湘潭、岳阳、衡阳、益阳、常德和娄底8座城市）抵抗力水平相对较高，且城市群内所有城市抵抗力水平均大于0；环鄱阳湖城市群（包含南昌、九江、景德镇、上饶、抚州和鹰潭6座城市）整体抵抗力水平略大于0，但仅南昌市的抵抗力水平远高于全国平均水平，城市群内其余城市的抵抗力水平则小于0或略大于0；在受到冲击的收缩期，长江中游城市群整体经济韧性水平较高，三大主体空间抵抗力均值均大于0，其中武汉城市圈最高，环鄱阳湖城市群最低。

在2008～2020年的收缩期，抵抗力高值区集聚于沿江通道和京广通道。长江中游城市群内抵抗力高值区相比1992～1999年的收缩期有所扩大，主要集聚于沿江通道和京广通道。沿江通道与京广通道是国家"两横三纵"城镇化格局的主要发展轴，沿主要发展轴的城市经济发展基础相对较好，在冲击抵抗的过程中展现了较高的抵抗力水平，区域抵抗力在应对两次冲击的过程中呈现沿重要空间发展轴逐渐集聚的态势。同时，对比两次收缩期抵抗力可以发现，在2008～2020年的收缩期的抵抗力表现与1992～1999年收缩期具有较大的相似性，但经济韧性高值区明显有所增加，长江中游城市群整体经济韧性水平也有所提高。在2008～2020年的收缩期，武汉城市圈经济韧性的抵抗力水平仍为最高，城市圈内所有城市的抵抗力水平均大于0，远高于这一时期全国平均水平；环长株潭城市群经济韧性的抵抗力水平也表现较好，但主要是长沙抵抗力水平较高，其余城市均略高于全国平均水平；环鄱阳湖城市群经济韧性的抵抗力水平表现相对较差，仅九江市表现较为突出，且景德镇抵抗力水平略低于全国平均水平。区域经济韧性整体表现与上一轮冲击的收缩期较为相似。

2）恢复力高值区集聚于长江中游城市群东部片区

在 2000～2007 年的扩张期,长江中游城市群的恢复力高值区主要集聚在区域的东部片区,如上饶、鹰潭、宜春和新余等城市。在 2001 年加入世界贸易组织(WTO)以后,我国的经济发展受到了外资和国际市场的刺激,开始进入一个增长较快的发展阶段。一方面长江中游城市群东部片区的城市与东部沿海地区最为邻近,地理空间距离的优势可以获得更多外部市场和外资的关注;另一方面,江西省开展了大开放主战略,加快与全球经济对接和与东部沿海地区互动。在地理区位优势和发展战略导向的相互叠加下,长江中游城市群东部片区在 2000～2007 年的扩张期中发展较为迅速,经济韧性水平得到了快速恢复和提升,相比较而言,西部片区由于地理空间距离较远,扩张期的恢复力提升有限,经济发展也相对较缓。

此外,长江中游城市群三大主体空间在扩张期的恢复力表现与收缩期的抵抗力差异较大。武汉城市圈经济韧性的恢复力水平最低,城市圈内所有城市的恢复力水平均小于 0,低于全国平均水平;环长株潭城市群经济韧性的恢复力水平也较低,除长沙以外的其他城市的恢复力水平也均小于 0;环鄱阳湖城市群(包含南昌、九江、景德镇、上饶、抚州和鹰潭 6 个城市)由于毗邻东部沿海地区,经济韧性的恢复力水平较高,城市群内所有城市的恢复力水平均大于 0,高于全国平均水平;在冲击后的扩张期,长江中游城市群整体经济韧性水平较低主要是受到武汉城市圈和环长株潭城市群两大空间主体较低的恢复力水平影响。

3）三大主体空间经济韧性演进差异较大

结合上述分析和表 6.9 可以发现,长江中游城市群内三大主体空间的经济韧性存在显著的空间分异现象:武汉城市圈在扩张期表现出较低的恢复力,在收缩期却表现出较高的抵抗力水平,整体呈现"高抵抗—低恢复—高抵抗"的特征;环长株潭城市群在扩张期的恢复力略低于全国平均水平,在收缩期的抵抗力也是略高于全国平均水平,整体呈现"较高抵抗—较低恢复—较高抵抗"的特征。值得一提的是,长沙市无论是收缩期还是扩张期,均表现出较高的经济韧性能力,呈现"高抵抗—高恢复—高抵抗"的特征;环鄱阳湖城市群在扩张期的恢复力略高于这一时期的全国平均水平,在收缩期的抵抗力整体也略高于这一时期的全国平均水平,整体呈现"较高抵抗—较高恢复—较高抵抗"的特征。

表 6.9　长江中游城市群三大主体空间经济韧性

主体空间	1992～2000 年抵抗力均值	1999～2007 年恢复力均值	2008～2020 年抵抗力均值	韧性特征
武汉城市圈	0.32	-0.43	0.45	高抵抗—低恢复—高抵抗
环长株潭城市群	0.23	-0.15	0.22	较高抵抗—较低恢复—较高抵抗
环鄱阳湖城市群	0.05	0.26	0.25	较高抵抗—较高恢复—较高抵抗

注:小于-0.3 为低恢复或低抵抗,-0.3～0 为较低恢复或较低抵抗,0～0.3 为较高恢复或较高抵抗,大于 0.3 为高恢复或高抵抗。

3. 空间关联特征

1）全局空间自相关分析

运用 Geo-Da 软件对长江中游城市群 1992～2020 年的抵抗力和恢复力进行全局空间自相关分析，形成了 Moran I 散点图，见图 6.4。

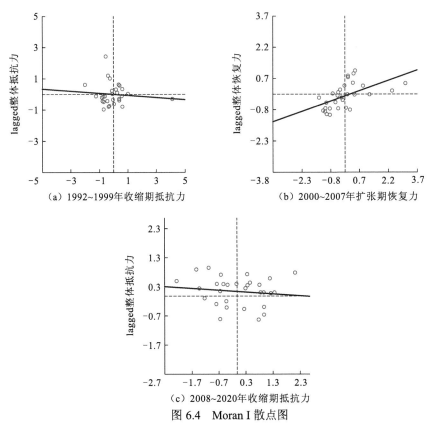

（a）1992~1999年收缩期抵抗力　　（b）2000~2007年扩张期恢复力

（c）2008~2020年收缩期抵抗力

图 6.4　Moran I 散点图

长江中游城市群扩张期恢复力呈现显著的正向相关性，收缩期呈现较弱的负向相关性。具体来看，1992～1997 年和 2008～2020 年两个收缩期中长江中游城市群的抵抗力均呈现负向相关性，但并不存在显著性，这表明在收缩期中，长江中游城市群内抵抗力水平的空间差异较大，城市与周边地区抵抗力水平的负向相关性较弱；而 2000～2007 年扩张期长江中游城市群的恢复力呈现显著的正向相关性（$p \leqslant 0.05$），这表明在 2000～2007 年扩张期恢复力较高的城市，其周边城市的恢复力水平也较高，反之亦然。

2）局部空间自相关分析

运用 Geo-Da 软件计算出长江中游城市经济韧性的 LISA 值，利用 LISA 聚类地图对局部地区存在的空间关联性进行分析。

长江中游城市群收缩期抵抗力的负向相关性片区呈现从西北逐渐往东南转移的特

征。在 1992～1997 年和 2008～2020 年两个收缩期中，长江中游城市群的抵抗力分布总体上呈现空间单元周边非相似值的空间集聚，整体呈现随机分布的空间特征。仅局部片区抵抗力呈现"低-高"和"高-低"类型区，在 1992～1997 年收缩期，襄阳、孝感、天门和荆州是"低-高"类型区，岳阳和南昌为"高-低"类型区，可以发现负向相关性的片区多居于长江中游城市群西北部片区；而在 2008～2020 年收缩期，长沙和吉安为"高-低"类型区，黄石为"低-高"类型区，负向相关性的片区居于长江中游城市群东南部片区，负向相关性片区整体从西北逐渐往东南转移。

长江中游城市群扩张期恢复力的空间分布存在显著的空间关联效应。2000～2007 年扩张期中，恢复力分布总体上呈现空间单元周边相似值的空间集聚，即"高-高"和"低-低"类型区较多，局部空间自相关分析与全局空间自相关分析结果一致。长江中游城市群东部片区多为"高-高"类型区，而北部片区多为"低-低"类型区；扩张期恢复力水平较高和较低的城市有着明显的空间关联效应，高值区集聚于毗邻东部沿海地区的长江中游城市群东部片区，而低值区则较多集聚于距离东部沿海地区较远的长江中游城市群北部片区。

6.3.2 长周期经济韧性评估与特征

1. 时序演化特征

1）区域总体经济韧性水平逐年上升，但区域内经济韧性差距逐年增大

可以看出，除受新冠疫情影响严重的 2020 年之外，长江中游城市群整体经济韧性水平不断上升。具体来看，2000 年以来长江中游城市群经济韧性的最大值、平均值均在逐年增大，其中区域经济韧性的平均值由 2000 年的 0.15 上升至 2019 年的 0.32，年平均增长率为 3.86%，体现长江中游城市群各区域的经济韧性水平均得到了较大程度的提升。此外，从平均值与中位数的历年对比可以发现：除 2000 年外，所有年份长江中游城市群经济韧性的平均值恒大于中位数，且平均值与中位数差距逐年扩大，一方面表明经济韧性低值区域仍广泛存在，另一方面说明区域内不同地区的经济韧性差距逐渐扩大。

2）三大主体经济韧性水平呈逐年递增态势，发展速度呈现三个阶段特征

分别计算 2000～2020 年武汉城市圈（除天门、仙桃和潜江）、环长株潭城市群和环鄱阳湖城市群三大主体空间的经济韧性测度均值。可以发现，三大空间主体中武汉城市圈韧性水平始终略胜一筹，三者的经济韧性发展速度均可划分为三个阶段，即 2000～2008 年的低速增长期、2008～2019 年的快速发展期以及 2020 年受疫情冲击的快速跌落期。具体来看，在 2000～2008 年，三大主体空间经济韧性均值在 0.15～0.20 浮动，并未有太大的提高，其中武汉城市圈和环鄱阳湖城市群还存在阶段性的下降；在 2008～2019 年，三大主体空间的经济韧性均值呈现显著的快速增长，这主要是因为 2008 年受到全球金融危机的外部冲击影响后，国家及地方层面均开始重视区域经济韧性能力的提升和建设，追求应对突发性冲击扰动的抵抗能力、恢复能力和实现区域及城市的可持续发展，因此这一期的区域经济韧性能力得到较快速的发展。

3）三大省会城市经济韧性水平远高于其余城市，且差距逐年增大

如图 6.5 所示，2000~2020 年长江中游城市群中武汉、长沙和南昌三个省会城市的经济韧性水平远高于区域内其他城市，且呈现逐年差距扩大的趋势，在 2000~2002 年，存在一段时间黄石和孝感部分年份经济韧性水平高于南昌和长沙，但 2003 年以后武汉、长沙、南昌三市再未被其他城市超越过，且三市之间经济韧性的水平差异也呈现逐年递增的趋势，武汉最高，长沙次之，南昌在三市之中最低，武汉、长沙和南昌三市的经济韧性年均增长率分别高达 6.22%、6.40% 和 6.09%。

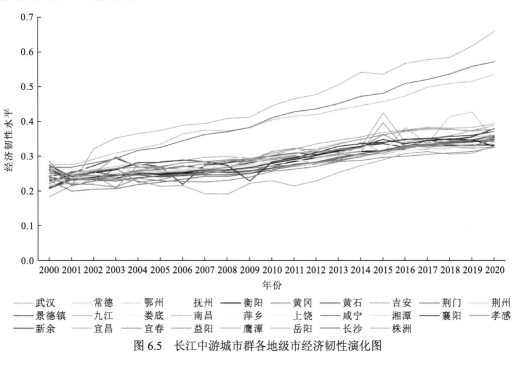

图 6.5 长江中游城市群各地级市经济韧性演化图

2. 空间演变特征

根据韧性测度结果，将 2000 年、2004 年、2008 年、2012 年、2016 年和 2020 年 6 个时间节点的经济韧性值进行空间可视化，如图 6.6 所示，以此分析长江中游城市群在 2000~2020 年的经济韧性空间格局演化特征和空间分异特征。

1）区域经济韧性呈现空间分布不均衡特征

长周期经济韧性空间分布不均衡，韧性值围绕高值核心城市逐渐向周边区域扩散式减小，整体呈现"高值区扩大、低值区缩小"的演化特征。从城市群整体上来看，高韧性区的范围较小，主要集中于武汉、长沙、南昌三个省会城市，韧性较高的地区主要集中在长江沿线的城市和京广通道的沿线城市，除省会外，还有宜昌、九江、株洲、湘潭等；韧性值较低的区域主要分布在城市群的边缘城市如衡阳、鹰潭、黄冈等。中西部地区的经济韧性值也较低，如常德、益阳、岳阳、娄底、荆州等，原因可能在于中西部地质条件复杂，基础设施建设与经济发展受到较大的制约。此外，受新冠疫情的影响，2020 年长江中游城市群各地区经济韧性整体降低，但区域之间的差异缩小，这说明地方政府采取的疫情防控措施产生的影响超越了区域结构性要素本身的限制。

2）三大主体空间的经济韧性空间特征差异明显

　　三大主体空间的经济韧性空间特征也存在显著差异，武汉城市圈"一强多弱"的特征更加明显，武汉作为极核的"虹吸效应"突出，周边黄冈、鄂州、咸宁等城市的韧性值较低，出现较为明显的"塌陷区"。但随着区域一体化的推进，公共服务、政策、生态等多领域的协同发展，以及武汉辐射带动作用的强化，整体呈现发展均衡化趋势；环长株潭城市群中长沙的经济韧性值最高，但并非长沙一家独大，株洲和湘潭也逐渐发展为经济韧性高值区，长沙、株洲和湘潭作为一个整体对外进行辐射。湘西片区经济韧性较低，常德、益阳和娄底常年处于经济韧性低水平片区；环鄱阳湖城市群的九江和南昌等沿江北部片区为高韧性和较高韧性区，其余地区均常年处于低韧性和较低韧性区，原因可能在于南昌发展基础比武汉薄弱，难以对周边城市起到很好的辐射带动作用，自身尚处于强核阶段。

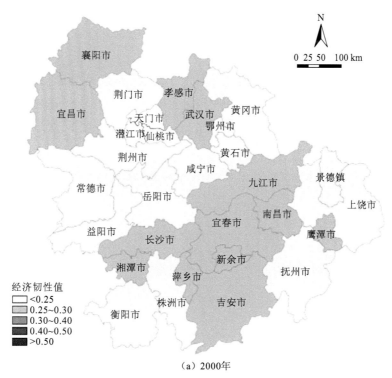

（a）2000 年

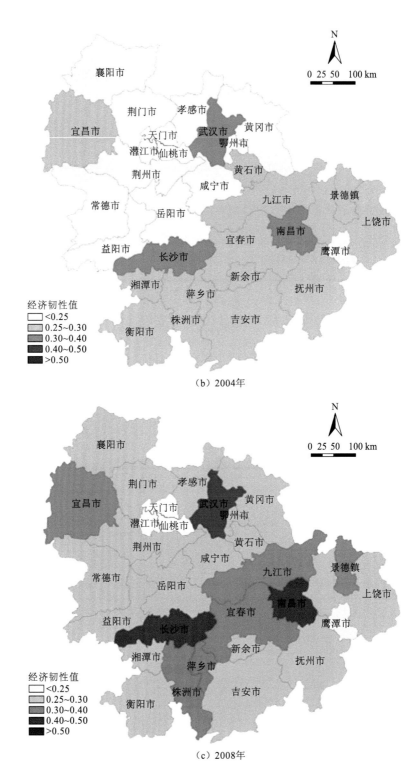

（b）2004年

（c）2008年

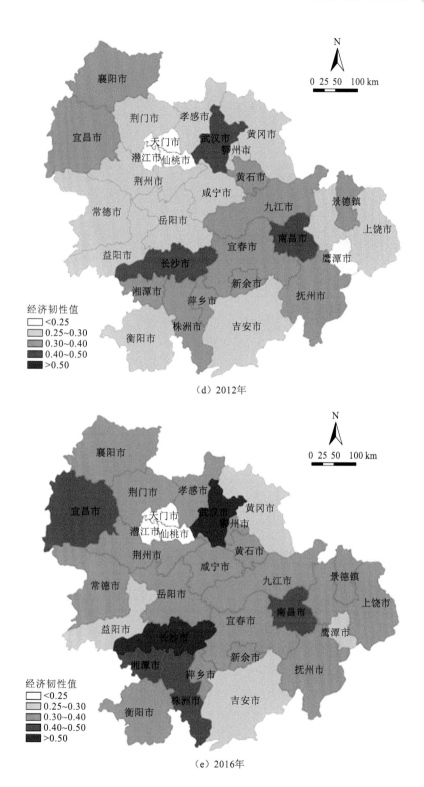

（d）2012年

（e）2016年

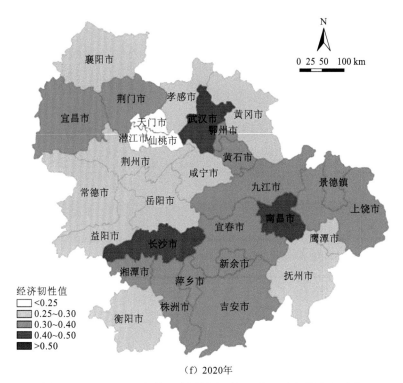

（f）2020年

图6.6 2000～2020年长江中游城市群长周期经济韧性空间演化

图片来源：彭翀等（2024）

3. 空间关联特征

如表6.10所示，2000～2020年全局Moran I指数均大于0，且均通过了显著性检验，说明长江中游城市群经济韧性存在空间正相关性，具有较为显著的空间集聚特征。2000～2020年全局Moran I整体呈现逐渐减小的趋势，从2000年的0.327波动下降至2019年的0.117，2020年又回升至0.334。进一步分析，一半以上年份的"高-高"类型区分布在位于长沙和南昌之间的新余和位于武汉北侧的鄂州与咸宁，说明极核对于这些区域的空间溢出效果显著；"低-低"类型区主要分布在城市群的西北部的荆门市，"低-高"类型区主要位于城市群东北部的黄冈市。2020年武汉市周边城市的空间关联性进一步加强，"高-高""低-低""低-高"类型区同时出现在武汉周边，说明2020年新冠疫情对武汉的重大影响也同样辐射到了周边城市。

表6.10 2000～2020年长江中游城市群长周期经济韧性 Moran I 值及 z 值

项目	2000 年	2001 年	2002 年	2003 年	2004 年	2005 年	2006 年	2007 年	2008 年	2009 年	2010 年
Moran I	0.327	0.277	0.179	0.263	0.239	0.206	0.195	0.168	0.165	0.164	0.145
z 值	3.260	2.825	1.866	2.658	2.425	2.138	2.038	1.998	1.875	1.855	1.687

项目	2011 年	2012 年	2013 年	2014 年	2015 年	2016 年	2017 年	2018 年	2019 年	2020 年	
Moran I	0.165	0.163	0.138	0.178	0.123	0.147	0.123	0.101	0.117	0.344	
z 值	1.775	1.754	1.756	1.881	1.700	1.699	1.687	1.663	1.668	3.521	

6.4 长短周期影响因素

6.4.1 短周期经济韧性影响因素分析

运用障碍度模型对 2000～2020 年长江中游城市群经济韧性进行障碍因子诊断,从而识别出影响经济韧性的主要因素,结果如表 6.11 所示。

表 6.11 长江中游城市群短周期经济韧性影响因素解释力

变量	1992～1999 年	2000～2007 年	2008～2020 年	解释力均值
X_1	0.221	0.283	0.114	0.206
X_2	0.159	0.118	0.152	0.143
X_3	0.136	0.124	0.156	0.139
X_4	0.106*	0.196	0.184	0.162
X_5	0.206*	0.268*	0.302**	0.259
X_6	0.185	0.136	0.148*	0.156
X_7	0.226	0.188*	0.263	0.222
X_8	0.722***	0.363**	0.138*	0.408
X_9	0.276*	0.463*	0.041*	0.260
X_{10}	0.103	-0.362	-0.361	0.275
X_{11}	0.132	-0.162	-0.124	0.139
X_{12}	0.148	0.156	0.112	0.139
X_{13}	-0.196	-0.106	-0.261	0.188
X_{14}	-0.092	0.460*	-0.243*	0.265
X_{15}	0.173**	0.642***	-0.304*	0.373

资料来源:彭翀等(2024)。

注:表中,*表示在 5%级别(双尾)的相关性显著,**表示在 1%级别(双尾)的相关性显著,***表示在 0.1%级别(双尾)的相关性显著。

1. 不同类型冲击下的主要影响因素差异较大

在面对不同的冲击时,长江中游城市群短周期经济韧性呈现较大的差异性。具体来看,1992～1999 年收缩期内,财政自给率对经济韧性的解释力最高,对经济韧性存在显著影响,且作用方向为正,说明在 1992 年经济体制改革和 1998 年亚洲金融危机的冲击下,这一时期的政府治理水平对经济系统应对突发性危机发挥了重要作用,而且财政自给率的作用方向为正,说明财政自给水平和政府治理水平越高,经济韧性水平越高;2008～2020 年收缩期内,第三产业增加值占 GDP 的比重解释力较高,说明在 2008 年的全球金融危机影响下，产业结构对经济韧性有着较大的影响。且第三产业增加值占 GDP 的比重的作用方向为正，这说明第三产业占比和产业结构等级越高的城市，其经济韧性越稳定。可以发现，不同经济冲击的作用下，影响短周期经济韧性的主要因素存在较大差异。

2. 同一冲击下不同阶段的主要影响因素显著不同

在 1992～2007 年这一完整周期内，长江中游城市群各城市在面对同一冲击时，经济发展收缩期和扩张期两个阶段的经济韧性主要影响因素存在显著差异。首先，在 1992～1999 年收缩期内，财政自给率对经济韧性的解释力较高，而在 2000～2007 年扩张期内，外贸依存度、FDI/GDP 对经济韧性的解释力较高，其中外贸依存度值与 FDI/GDP 的值分别小于 0.01 和 0.1，说明在恢复扩张期内对外联系、政府治理和金融支撑能力对经济韧性水平有着较大的影响；此外，外贸依存度 FDI/GDP 的作用方向为正，说明恢复扩张期内对外联系程度越高、政府治理和金融支撑能力越高则越有助于经济韧性水平提升。可见，长江中游城市群短周期经济韧性应对在同一冲击下的不同发展阶段时，其主要影响因素也存在显著差异。

3. 主控影响因素为政府治理能力、产业结构和外贸情况等

财政自给率和人均固定资产投资两个影响因素变量的作用方向在三个阶段中均为正向，且财政自给率的驱动因素解释力 q 值均值是所有影响因素变量中最高的，而财政自给率和人均固定资产投资表示政府治理能力和水平，所以政府治理能力是既具备作用方向持久正向，又具备较高解释力的经济韧性影响因素。除政府治理能力外，第三产业增加值占 GDP 的比重和外贸依存度的解释力均值也较高，所以产业结构和外贸情况对短期冲击情景下的长江中游城市群经济韧性有着较大程度的影响，但作用方向会受到经济系统主导发展方向和冲击类型的影响。

6.4.2　长周期经济韧性影响因素分析

1. 创新能力、劳动力状况对经济韧性水平发挥着更重要的作用

根据表 6.12 所示，在提高城市长周期经济韧性方面，城市的创新环境与能力、劳动力状况发挥着更重要的作用。具体而言，高等学校在校学生数、高新技术企业数量在大部分年份的影响程度均值水平均位列一二，二者分别体现了城市的劳动力状况与创新能力，可见在长期扰动情景下，劳动力状况和创新能力对长江中游各城市经济韧性有着显著的正向促进作用。稳定的劳动力状况是经济发展的基础，具备高素质、高技能的劳动力更具生产力，能够更有效地运用资源和技术，提高产出效率。创新能力强的经济体更具备适应和应对变化的能力，在面对市场需求的变化、竞争压力的增加或者全球经济格局的调整时，创新能力强的地区能够快速调整生产方式，保持竞争优势。

表 6.12 长江中游城市群长周期经济韧性主要障碍因子与障碍度

年份	项目	位序							
		1	2	3	4	5	6	7	8
2000	因子	X_{11}	X_7	X_9	X_4	X_1	X_2	X_{15}	X_{10}
	障碍度	0.298	0.203	0.113	0.067	0.067	0.047	0.043	0.039
2002	因子	X_{11}	X_7	X_9	X_{15}	X_1	X_4	X_{13}	X_2
	障碍度	0.292	0.201	0.113	0.074	0.053	0.052	0.044	0.037
2004	因子	X_{11}	X_7	X_9	X_1	X_{14}	X_2	X_4	X_{13}
	障碍度	0.294	0.213	0.109	0.067	0.058	0.052	0.044	0.030
2006	因子	X_{11}	X_7	X_9	X_{14}	X_1	X_2	X_{10}	X_4
	障碍度	0.355	0.191	0.098	0.061	0.056	0.047	0.041	0.037
2008	因子	X_7	X_{15}	X_{11}	X_{13}	X_9	X_2	X_1	X_4
	障碍度	0.155	0.149	0.147	0.121	0.112	0.071	0.063	0.050
2010	因子	X_7	X_{11}	X_{13}	X_{14}	X_9	X_1	X_2	X_4
	障碍度	0.159	0.150	0.127	0.113	0.108	0.069	0.068	0.058
2012	因子	X_7	X_{11}	X_{13}	X_{14}	X_9	X_1	X_2	X_4
	障碍度	0.159	0.152	0.132	0.110	0.102	0.070	0.069	0.063
2014	因子	X_{11}	X_7	X_9	X_{15}	X_1	X_2	X_4	X_5
	障碍度	0.284	0.206	0.127	0.073	0.055	0.052	0.047	0.031
2016	因子	X_{11}	X_7	X_9	X_1	X_{14}	X_2	X_4	X_{13}
	障碍度	0.293	0.214	0.096	0.069	0.060	0.055	0.050	0.033
2018	因子	X_{11}	X_7	X_9	X_{15}	X_{13}	X_1	X_2	X_4
	障碍度	0.148	0.147	0.133	0.131	0.119	0.078	0.067	0.062
2020	因子	X_7	X_{11}	X_{13}	X_9	X_{14}	X_1	X_2	X_5
	障碍度	0.149	0.145	0.137	0.104	0.102	0.097	0.075	0.043

资料来源：彭翀等（2024）。

2. 经济发展基础和政府治理对经济韧性水平有较强的正向促进作用

人均可支配收入和人均 GDP 也始终具有较为显著的影响效果，说明二者代表城市经济发展基础水平对长周期经济韧性水平有着较强的正向促进作用。一般来说，经济基础水平越高的地区，拥有较为健全的基础设施、多元化的产业结构、健全的金融体系、人力资源和教育水平以及良好的政府和治理体系，在应对冲击扰动时可承受的程度也就越大。人均固定资产投资也始终具有较为显著的影响效果，是政府加强基础设施建设和公共服务投入的重要途径之一（魏丽华，2022），政府治理能力强的地区能够制定并实施一系列的经济政策和措施来灵活调整和适应经济形势的变化，帮助应对外部冲击和经济波动，维护经济的稳定性和可持续发展。

3. 产业结构和金融支撑能力对经济韧性水平有一定的正向促进作用

第三产业增加值占 GDP 的比重和金融机构存款余额占 GDP 的比重均有三年的解释力测度结果呈现较强的解释力和显著性，历年 q 值均值略低于专利授权申请量和人均 GDP 等变量，相关性分析结果表明两个变量对长江中游城市群各城市经济韧性的作用方向为正向。第三产业增加值占 GDP 的比重体现的是产业结构的等级，一般来说第三产业占比越高，该城市的产业结构等级也相应越高；金融机构存款余额占 GDP 的比重体现城市的金融支撑能力，表现城市是否有足够的资金用于城市运营、维护、发展和应对特殊情况等。综上，长江中游城市群各城市的产业结构等级和金融支撑能力越高，对其经济韧性水平也会产生一定的正向促进作用。

6.4.3 双周期经济韧性演化综合分析

对长短周期经济韧性的影响因素存在较大差异，短周期经济韧性水平特殊性较强，与冲击类型的关系较为紧密，其主控因素为政府治理能力；而长周期经济韧性的影响因素较为稳定，主控要素始终为创新能力、劳动力状况等。此外，长短周期经济韧性影响要素之间也呈现出一定的关联性。

具体而言，长江中游城市群的短周期经济韧性演化经历了从 1992～1999 年收缩期抵抗力均值 0.22 到 1999～2007 年扩张期恢复力均值-0.15，再到 2007～2019 年收缩期抵抗力均值 0.34 的演化历程。短周期经济韧性的主要影响因素随经济冲击不同而不同，其中政府治理水平对经济韧性始终起到显著的促进作用，1992～1999 年收缩期间，在国家经济体制改革和亚洲金融危机的冲击下，体现政府治理能力的财政自给率对这一时期长江中游城市群的抵抗力水平具有显著的解释力，政府治理能力在这一时期对维持经济韧性水平和经济系统正常运转有着重要的作用。短周期冲击恢复期中，政府投资、外国投资等有助于经济韧性水平提升。1999～2007 年扩张期中，我国于 2001 年加入世贸组织，国内经济在国际市场打开和外资的推动下，得到了很大的提高，但长江中游城市群由于地理区位处于中部地区，仅长江中游城市群的东部片区得到了较快速的发展和恢复，经济韧性的恢复力水平也相应较高，但整体经济韧性水平低于全国平均水平；这一时期，外贸依存度、FDI 占 GDP 的比重以及人均固定资产投资额等影响因素对经济韧性的恢复力有着显著的正向促进作用，这说明在 1999～2007 年扩张期中，政府投资、外资以及深度参与国际市场对区域经济韧性有着显著的提高，有助于经济系统的发展。

长江中游城市群的长周期经济韧性演化经历了 2000～2008 年的低速增长期、2008～2019 年的快速发展期以及 2020 年受新冠疫情冲击的快速跌落期三个阶段。长周期经济韧性的主要影响因素具有一定的稳定性和规律性，其中创新能力、劳动力水平始终起到至关重要的作用。在 2000～2007 年的低速增长期，2000 年长江中游城市群经济韧性仅体现经济发展基础的人均 GDP 对其有显著的解释力，但随着区域经济系统的发展，创新能力、外贸情况、政府治理水平和金融支撑能力均开始对区域经济韧性水平产生较大促进作用；在 2008～2019 年的快速增长期中，政策与规划有效助推了区域经济韧性水平的提高。一方面，2008 年的全球金融危机发生后，提升经济韧性水平以增强区域和城市应对经济冲击的能力开始受到了国际和国内的重视，国家与地方开始通过政策与规划提高区域与城市的可持续发展能力。另一方面，国务院于 2009 年批准了《促进中部地区崛起规划》，并随后发布了《促进中部地区崛起规划实施意见》与《关于促进中部地区城市群发展的指导意见》等相关政策文件，国家层面对长江中游城市群的关注和政策支持，为区域的发展带来了较大的助推动力。因此，长江中游城市群自 2008 年开始，迈入了区域经济韧性的快速发展期。这一时期区域的创新能力、经济发展基础、产业结构对区域经济韧性起到了较大的促进作用。

第三篇

城市群韧性提升路径与实践

　　基于前文内容，第三篇首先提出城市群韧性的实现路径，分别从韧性要素、韧性网络和韧性周期三方面展开探讨；然后以湖北省武汉城市圈和襄十随神城市群为例，探讨韧性理念在城市群中的应用实践与经验。第三篇的研究内容与选取案例主要来源于作者团队近年来主持完成的部分工程实践与研究成果。

第7章 城市群韧性优化路径

7.1 韧性要素优化

7.1.1 综合韧性优化

从本书第 3 章的分析可以看出，韧性的综合提升，应同时兼顾"优成本"与"提能力"，从而实现"高效率"，关键环节在于韧性成本的集约和韧性能力的提高。

1. 优成本

在各项可支配资源有限的背景下，投入更低的韧性成本，收获更高的韧性能力是城市可持续发展的关键，也是研究城市韧性成本优化机理的必要环节。韧性成本识别建立在对城市韧性投入-产出规模效应的分析上。城市韧性成本要素的投入与韧性能力产出之间，有三个效率指标，一是投入-产出的综合效率，二是投入规模带来的规模效率，三是除规律效应外由技术进步、管理水平提升、制度完备等带来的纯技术效率。在城市韧性纯技术效率一定的情况下，增大韧性成本各项要素的投入量会带来韧性能效的提升，从理论上说，成本要素投入总量越大，韧性能力提升越多，但韧性能力提升的速度，也就是韧性效率存在差异，构建韧性要素投入规模和韧性能力的二维函数，初期随着韧性成本要素投入规模的增加，韧性能力提升的速度较快，且在一定区间内，投入的成本要素规模越大，韧性能力提升得越快，这一阶段称为规模报酬递增，并在某一韧性成本规模上达到韧性投入-产出效率最大值，这一规模被称为成本要素最优规模；倘若投入要素规模的总量不变，投入-产出效率始终维持在最优效率，则这时候被称为规模报酬不变，但超过成本要素最优规模后，随着投入要素规模总量的增加，韧性能力提升的速度会逐渐降低，即产出的韧性能力增加的比例小于韧性成本要素增加的比例，这一阶段被称为规模报酬递减。

因此，韧性成本调控建立在对城市韧性规模效应阶段识别和韧性能力水平的综合考量上。韧性成本调控的总原则是提升城市韧性投入-产出的相对效率，但不同的城市应采取不同的调控策略。从绝对意义上讲，城市韧性成本投入的规模越大，韧性能力提升得越多，但从可持续发展的角度，不同城市应采取不同的调控类型，依据城市发展阶段将其划分为高韧性能力、中等韧性能力和低韧性能力，同时，城市韧性投入-产出的规模效应包括规模报酬递增、规模报酬不变和规模报酬递减。对于高韧性能力城市，因其韧性能力已经达到高值，首要任务应该是提升投入-产出的利用效率，必要时减少成本投入的规模，如果投入-产出的规模效应处于规模报酬递增或规模报酬不变阶段，应保持投入成本规模不变或继续增大规模，如果处于规模报酬递减阶段，应减少成本投入规模，着重提升投入-产出的技术效率转化；对于中等韧性能力城市来说，因其韧性能力已经达到中等水平，应开始权衡能力水平和能效水平的均衡，如果处于规模报酬递减阶段，与高韧性能力一致，此时不应继续盲目增大投入要素规模，应着重提升转化效率，而无论是处于规模报酬递增还是规模报酬不变，均应继续增大投入要素的规模；对于低韧性能力城市，当务之急是增大城市韧性能力，无论处于投入-产出规模效应哪个阶段，均应持续增大成本要素的投入规模。

2. 提能力

经济韧性的提升，关键在于经济发展动力和发展方式的多元化。在经济发展的上升或稳定期，结合国内外经济环境，主动培育多元化经济发展路径，形成内部稳定的产业生态网，规避经济发展的路径和要素依赖。如经济体系过度依赖对外贸易，国际政治局势紧张或贸易摩擦将对经济产生较大波动。此外，与经济相关的政策和体制应结合市场不断地适应性改变，形成政府和市场良性互动。

社会韧性的提升，关键在于"人"的发展性，城市的管理主体、生活居民和参与各子系统运行人员的持续性成长。对城市的管理主体来说，除注重各领域智囊团队的培育和搭建外，应提升自身的科学决策和应急管理等领导能力；对城市的生活主体来说，应提升防灾减灾意识，不断增强全社会整体的应急处置、应急避免与自救互救能力；对各子系统运行的主体人员来说，应制定符合系统内部运行的制度和政策，提升自身应急处理能力以保障系统正常运转。

工程韧性的提升，关键在于设施的关联协作性。灾害发生时，整个基础设施网络某个节点或某一层级的失灵，不致引发连锁失灵甚至整个基础设施的瘫痪；城市各项设施能够及时启用备份，发挥冗余功效，最终保障基础设施的正常运行。具体地，基础设施建设前，应研究基础设施网络的拓扑结构和服务流动特征，科学评估潜在关联基础设施的相关度和对整体韧性水平的影响程度，确定设施建设的标准和维护机制。

生态韧性的提升，关键在于生态体的保护和生态网络的构建。城市生态系统承担着气候调节、废物降解、雨洪调蓄等作用，因其具有天然的脆弱性，需将超过自身稳态的过量负荷释放到自然生态系统，如果不加节制，除影响自然生态系统自身稳态外，其对人类的胁迫效应将会引发"温室效应""赤潮""水华"等灾害，应通过增大生态的绝对量和构建生态网络等手段提升韧性效率。

7.1.2　领域交互优化

城市是一个复杂多元的巨系统，由多个子系统组成，各系统间相互作用、影响并协调运行，共同维持城市的正常运转。各系统的相互关联体现在两个方面，一个是各子系统存在功能关联，即城市整体韧性是各子系统的合力，不由某一子系统的韧性决定，某一子系统韧性水平的提升不一定会带来整体韧性的提升，且总体韧性甚至由某一最低水平子系统决定，类似"木桶定律"。例如，当地震发生时，通信系统的正常运转对救援行动展开有重大影响，但通信系统却受到电力系统的制约，倘若电力系统韧性较低，单纯通过提升通信系统韧性无法达到提升城市整体韧性水平的目标。另一方面，各子系统存在利益关联，即在城市总支配资源总量一定的情况下，某一系统资源分配总量的提升必然带来另一系统资源分配总量的下降。例如，倘若政府将大量资源投入到提升经济系统韧性中，被分配到物质性基础设施建设的资本、人力等资源必然受到挤压，同时，政府能够自由支配的"备份"资源也将随之减少。

本书第 4 章以长江经济带为例，探讨了经济韧性、社会韧性、工程韧性和生态韧性四个子系统之间的耦合协调特征，从整体耦合协调和成对耦合协调两方面探讨了城市群韧性的内部影响机制。研究发现，四个子系统之间的耦合协调关系处于中度失衡阶段，耦合协调指数在研究期间呈上升趋势。在空间上，城市之间存在明显的区域和等级差异。这些发现与前人的部分研究结论一致，即社会经济系统与生态系统之间的协调发展水平并不是很高（Li et al.，2020；Yang et al.，2020）。对此现象的一种可能解释是，核心城市和东部沿海城市的显著综合效应导致了包括劳动力、资本、土地和创业在内的生产要素的过度集聚。因此，省会城市或直辖市（如上海、杭州、南京、武汉、长沙、贵阳和重庆）周边的中小城市或沿海城市，通常依赖大城市的辐射效应。它们积极承接长三角和粤港澳大湾区的产业转移，形成产业链或集群，共享大城市便捷的基础设施、优质的公共服务，而中小城市自身的韧性发展却变得有限或呈现出不平衡特征。此外，四个领域成对耦合协调的结果表明，经济韧性-社会韧性、社会韧性-生态韧性的相互作用处于严重不平衡的阶段，特别是在上游和中游地区更甚，这可能是由其社会韧性这一子系统的发展水平较低所导致的。这一发现虽然是初步的，但研究表明韧性领域的交互协调需要更多地关注社会服务的共同发展和共享。例如发展多层次、多尺度的合作教育和医疗设施，促进家政、养老、体育、健身、文化娱乐、医疗等社会服务和福利的多样化，缩小城市间公共服务水平和质量的差距。进一步完善养老保险、医疗报销、住房公积金等相关制度，加快大城市与周边城市的融合进程（Lin et al.，2022）。

7.2　韧性网络优化

本书第 5 章面向常态发展和中断破坏两种情景分别探讨了网络韧性的内涵及其评估方法，从研究结果来看，常态情景下韧性网络需要发挥结构所赋予的高效流动，而中断情景下城市网络的韧性则更加依赖主导性节点（城市）与脆弱性节点的协同发展。

7.2.1　常态情景下的韧性网络优化策略

1. 总体结构：核心引领与扁平发展

发挥核心城市组群的区域引领效应，统筹考虑区域内城市的层级关系，引导大中小城市协调发展。应基于区域发展目标，强化核心城市作为城市群资源要素集散点的辐射功能，提升区域影响力和竞争力。①核心——核心联系。核心城市应与核心腹地的协同节点强化互动以提高集聚程度，根据城市自身优势优化职能分工、协调产业空间、共享基础设施，实现区域崛起。②核心——边缘联系。边缘节点小城市应淡化规模等级观念，精准定位城市功能与发展方向，注重与其他层级节点间的产业链或产业集聚区构建；主动利用省际间的对接城市构建跨领域联系的纽带，达到核心组群的高效连接，核心协同节点与核心组群的紧密依附，边缘节点的职能分化，实现核心城市与一般城市的协同发展；最终通过结构调整提高全局网络中城市规模与功能的合理性来提高应对外界冲击的抵抗性（林樱子，2017）。

2. 片区结构：阶段识别与差异推进

从次区域的角度来看，首先是根据自身结构的发展阶段和模式类型明确发展问题，制定差异化的韧性优化策略。①成熟型的次级城市群或都市圈，应强化城市的功能导向，培育次级核心，注重非核心城市的功能专业化和特色化，通过共享基础设施，加快交通建设，创新合作机制等手段促进圈域内的网络构建。②发展型的次区域一方面应进一步扩大城市间的功能耦合，使其对周边城镇发展的带动能力提升；另一方面加快边缘城市间的水平联系，实现网络城市由梯度层级至全面均衡。③培育型城市群现阶段应首先注重提升核心城市的极化作用，在此基础上逐步培育次级城市和边缘城市，构建合理的次区域城市集群规模等继续级分布，提高网络联系对象的多样化，增强圈域韧性能力（林樱子，2017）。

3. 要素流动：互联互通与合作共赢

应在以下几个方面提高节点城市的交流环境。一是产业集聚合作。城市职能分工与产业空间组织成为城市群韧性发展的重要战略。通过联手构建优势产业集群，依托沿江航运设备制造密集产业带、沿路物流装备制造产业链、省际市际的跨界门户产业合作区实现区域产业集聚合作。二是信息空间营造。主要是知识镶嵌体的植入，注重培育高新技术创新基地、科研中心、大学城等，实现城市群的信息、科技和知识繁荣。三是交通体系建设。重点强化核心城市的交通主轴线，使其成为功能齐全、能力强大的综合运输通道；完善次区域内部交通网络，强化轨道交通运输的骨干作用，加快构建高速公路网及城际快速路干线网；重点建设高铁枢纽、门户机场、核心港口并提升优化枢纽高效衔接（彭翀 等，2018）。

7.2.2　中断破坏下的韧性网络优化策略

频发的自然和人为灾害极有可能造成网络中断，影响节点的正常运转，进而产生难以预计的后果，实际情景中，区域内众多城市都面临遭受灾害或攻击的风险，如洪水、雪灾、疫情等，导致城市网络连通中断。对于城市网络中断的模拟可以有助于预知区域城市网络抵御潜在风险的运转能力和功能特性，从而有助于减少灾害影响，进而提升区域韧性策略制定的科学性。通过中断模拟识别出主导性节点与脆弱性节点，对城市群客运网络结构韧性意义重大，前者为因，后者是果。一方面，主导性节点在面对危机出现瘫痪时，将对网络结构韧性产生强烈的干扰，是影响网络结构韧性的"内在动因"；另一方面，脆弱性节点是网络结构韧性的短板，削弱了城市群网络应对冲击的能力，是影响网络结构韧性水平的"外在体现"。研究尝试针对长江中游城市群客运网络中主导性节点和脆弱性节点对网络结构韧性的影响机制提出相应的提升策略（彭翀 等，2019）。

一是促进要素流通，整体提升节点中心性。搭建城市群产业合作平台，通过推进产业双向转移、共建产业合作基地等措施催生更为密切的要素流通，从而将已有的城市间"弱联系"转换为"强联系"，在基于原有联系强度阈值构建城市群网络时可使更多城市产生联系，达到提升节点中心性的目的。

二是推进差异建设，增强次区域内部联系。以长江中游城市群为例，需要结合三个次区域内不同的节点韧性与网络联系特征，形成差异性提升策略。武汉城市圈内武汉一极独大，周边城市对其高度依赖，应增强次级交通节点的综合实力，带动非核心城市间的水平联系。环长株潭城市群韧性水平整体较高，应继续推动长沙与株洲、湘潭一体化发展，辐射带动衡阳、岳阳、常德等其他城市发展。环鄱阳湖城市群公路客运能力相对较弱，通过扩容提速、加密路网实现更为便捷的"点对点"服务，促进吉安、抚州和景德镇这类低韧性节点在次区域的内部联系。

三是构建综合网络，丰富跨区域省际连通。通过完善省界陆运衔接、内河航道体系和支线机场布局形成互联互通的省际综合连通网络，管理上加强城市群内部协调机制，建设共用管理信息平台，消除交通发展衔接障碍，从而破除行政壁垒，使运输效率与运输能力均得到提升。

四是加强风险防范，保障城市节点安全性。通过完善安全监管体制、加强应急体系建设，形成包含交通管理部门、交通运营部门等多部门协同的风险防范系统，进而降低路面断裂、信号设备毁坏等内部故障发生的频率，减少内涝、暴雪等自然灾害产生的影响，保障城市节点安全性，顺利完成旅客输送。

7.3　韧性周期优化

本书第 6 章以经济韧性为研究对象，探讨了经济韧性"长周期"与"短周期"下经济韧性的时空分异特征和影响因素，对周期差异下韧性优化策略的提出具有重要的支撑作用。根据研究结论，可从以下三个方面提出优化建议（王强，2022）。

一是深化发展规划与空间规划等相关规划。在发展规划层面，应将提高区域和城市经济韧性水平、长期有效应对各种内外部冲击扰动作为规划目标之一，将加强创新能力、促进产业升级、培育内需市场和推进城镇化高质量发展等作为长江中游城市规划与发展的重点内容；在空间规划层面，制定城市群空间专项规划加强核心城市对周边城市的辐射带动作用，平衡区域经济发展水平和提升周边城市经济韧性水平。从城市用地布局、城市土地开发模式、弹性留白空间划定以及创新空间供给等方面来提升经济韧性水平。

二是提升短期应急与长期调控的治理能力。首先，各层级政府需要增强快速整合现有资源以应对冲击的能力，具有不断更新的知识储备、较强的学习能力和高效的信息环境来提高适应性治理能力。然后，需要加强区域协调发展的调控，注重核心城市对周边城市的辐射带动作用，利用政策与规划从产业协同、创新平台共建、交通互联、公服共享等多个领域开展一体化合作，扭转区域不平衡发展加剧的态势。最后，要注重对创新和产业结构等领域的调控，需要通过规划引领和政策落实等举措，进行长期系统性的强化。

三是实施区域优化与城市提升的韧性行动。在区域层面，以城市群或都市圈为空间载体，加强经济系统内外"双循环"发展。一方面，通过加强城市之间产业分工协作，着力推进产业基础高级化和产业链现代化发展，促进优势产业集群发展，以区域经济系统内循环为主体，保证经济系统的内在稳定性；另一方面，构建区域产业与创新共同体，参与国际市场竞争，实现内外"双循环"相互促进和加强经济系统活力。在城市层面，调整优化产业结构，加强产业多元化发展；长期进行科教投资，加强技术创新能力培育，提高城市创新能力；优化财政支出结构，进一步加强经济系统的金融支撑能力。

第8章 武汉城市圈功能网络韧性特征识别与提升

随着全球化和信息化的推进，城市发展不再局限于单体城市自身，而是更加注重城市在区域体系中的等级地位、职能分工和功能联系。在压缩的时空距离下，城市间的联系形成了网络型的空间组织结构。功能网络是指城市间形成的经济、社会、交通、生态等各方面紧密的联系。与传统韧性城市的认知不同，韧性功能网络不仅强调单体城市自身韧性能力的提高，更注重城市与城市之间联系的韧性，旨在提高区域内各城市应对风险的能力。本章以武汉城市圈为研究对象，识别都市圈功能网络的韧性特征并提出提升策略[①]。

8.1 研究区域概况

8.1.1 武汉城市圈区域概况

武汉城市圈是以武汉市为核心，由武汉及周边 100 km 范围内的黄石、鄂州、孝感、黄冈、咸宁、仙桃、天门、潜江 9 市组成的区域经济联合体。该区域是湖北省产业和生产要素最为集中、最具活力的地区。武汉城市圈占全省三分之一的土地面积和约一半的人口，其发展情况对湖北全省的发展大局具有重要影响。

8.1.2 武汉城市圈发展历程

2007 年，湖北推出以武汉 1+8 城市圈为载体的两型社会综合改革配套试验区方案；同年 12 月 14 日，武汉城市圈获批全国两型社会建设综合配套改革试验区。武汉城市圈自获批以来，经过十几年的发展，已经成为湖北经济发展的核心区域和中部崛起的重要战略支点。随着国民经济的发展和城市化进程的推进，国家对各区域的中心城市也有了更高的要求，对标以东京、纽约等中心城市为引领的国际都市圈，我国也适时提出现代化都市圈概念。

2014 年，国家出台《国家新型城镇化规划（2014—2020 年）》，提出"都市圈"概念；2019 年，国家又出台《关于培育发展现代化都市圈的指导意见》，提出发展"现代化都市圈"。2022 年上半年，武汉城市圈适时作出调整，城市圈内九座城市分为武鄂黄黄都

---

① 本章图文基于 2020 年《武汉大都市圈"十四五"时期规划研究》第五章"1.功能网络错位互补"中的相关内容整理和改写。

市区、孝应安协调发展区、咸赤嘉协调发展区和天仙潜协调发展区四大板块，其中武鄂黄黄为武汉城市圈核心区域。2022年6月18日，中国共产党湖北省第十二次代表大会报告中提出，要将武汉城市圈打造成为引领湖北、支撑中部、辐射全国、融入世界的重要增长极，到2035年建设成为人口规模超3 000万、GDP超6万亿元的世界城市和都市圈。2022年12月7日，《武汉都市圈发展规划》获国家发展和改革委员会正式批复，成为继南京、福州、成都、长株潭、西安和重庆都市圈后，第7个获批的国家级都市圈发展规划。

8.1.3　武汉城市圈功能分工

从武汉城市圈城市功能的角度出发，本章参考各城市的最新城市总体规划，对城市圈内各城市的城市性质、职能和支柱产业进行梳理，旨在为优化武汉城市圈城市功能体系提供基础。

武汉市是湖北省省会、国家中心城市、全国重要的科技创新中心、现代服务中心、先进制造中心和综合交通中心，同时也是国际滨水文化名城，主要的城市职能有先进制造、贸易门户、科技创新、文化旅游、交通枢纽等，支柱产业众多。黄石市是武汉城市圈的副中心城市之一，是长江中下游产业转型示范城市、中国矿冶历史文化名城、全国特钢、铜产品精深加工基地、长江中下游装备制造业与高新技术产业基地、湖北省先进制造业基地、武汉城市圈内需型产业基地、工业遗产保护与利用示范城市、展现中国矿冶工业文化发展的研究中心、多元文化交融的鄂东南文化中心，在城市圈内承担着商贸副中心、科教文化副中心、区域性综合交通枢纽和现代物流副中心的职能，主要的支柱产业有冶金、建材、纺织、机械、化工、医药、轻工、食品、电子等。鄂州市位于武汉城市圈内，是鄂东城市群的中心城市和省级历史文化名城，也是生态旅游休闲胜地、绿色制造基地和区域性物流中心、交通枢纽。在产业功能方面，鄂州市主要发展冶金及钢铁深加工工业、生物医药、精细化工、电子信息、新材料等高新技术产业，以及新型建材、轻工机械、服装等轻型加工工业，同时还规划建设区域性旅游、会议、培训、体育基地和武汉城市圈绿色农产品生产、加工基地。鄂州市的主要支柱产业包括高新技术、新型重化工、新型轻工等。武汉城市圈中黄冈市是湖北省区域性中心城市、武汉城市圈核心集聚区的组成城市和新型产业基地，同时也是滨江生态园林城市和湖北省历史文化名城，主要发展临港工业，并依托武汉现代制造业基地发展配套产业，依托市域资源发展农、林、副等产品深加工，主要的支柱产业有建材、纺织、机械加工等。孝感市是武汉城市圈副中心城市之一和重要产业基地，同时也是具有水乡园林特色的中华孝文化名城。其城市定位为武汉城市圈西北部、鄂豫交界地区的门户枢纽、武汉城市圈面向西北腹地、鄂豫交界地区的综合服务中心、武汉城市圈重要的经济增长引擎和核心产业基地以及文化繁荣、具有水乡园林特色的生态宜居城市，主要支柱产业有机电、食品、建材、化工等。咸宁市是鄂南地域性中心城市、武汉城市圈生态宜居花园城市，也是华中温泉旅游名城,其城市定位为高效清洁能源、麻棉纺织、森林板材加工、生态食品加工、现代商贸物流和生态旅游与休闲度假养生基地、武汉城市圈的"大花园"以及国家生态城市与和谐宜居城市,主要支柱产业有能源工业、纺织服装业、森工造纸业、机电制造及汽车零部件、冶金建材产业等。仙桃市是武汉城市圈中唯一的县级市,是江汉平原中部重要的中心城市之一、可持续发展的新型工贸城市、环境优美的滨水城市、武汉城市圈西部重要城市和区域重要的交通枢纽,主要的支柱产业有纺织服装、轻工、食品、医药化工等。

综上来看,武汉城市圈已经形成了一个职能格局:以武汉为中心,黄石和孝感为次级中心,其他城市则为专业节点。这些城市在城市功能定位上互相协作,但在城市职能方面存在相似和重叠的问题。为了更好地促进武汉城市圈的区域协调和发展,需要注重城市之间的协同和交流。这包括积极打造优势产业集群,创新高效的合作机制,以宏观视角统筹各城市的职能分工,避免恶性竞争,进一步优化武汉城市圈的功能体系结构,从而形成区域共融共荣的发展格局。

8.2 武汉城市圈功能网络韧性特征

8.2.1 研究思路

本节主要是从"属性评估+城市流"的视角来探究武汉城市圈网络的韧性特征。首先,通过对武汉城市圈内各城市的属性进行评估,包括科技创新、先进制造、生态保护、商贸门户、文化旅游等方面的因素,以了解各城市的整体特征和潜在影响,总结城市功能。然后,从城市流的角度出发,研究武汉城市圈的第二产业功能量、第三产业功能量等流动的韧性特征,包括城市流强度等指标,并对城市间外向功能联系网络的强度进行总结。最后,通过综合属性评估和城市流的分析,可以揭示武汉城市圈网络的韧性特征,为提升其抗风险能力和可持续发展提供科学依据。

8.2.2 研究方法

1. 城市流计算方法

城市流强度是指城市间联系中城市外向功能(即集聚和辐射)所产生的影响程度,尤其在城市密集区表现得尤为明显。城市流的产生和发展是由城市功能所决定的,而城市功能又分为外向功能和内向功能。参考沪宁杭和长株潭的研究(彭翀 等,2015a;朱英明 等,2002),以城市从业人口作为城市功能量的指标,城市是否具有外向功能 E 主要取决于其某一部门产业从业人口的区位熵。i 城市 j 部门从业人员区位熵 Lq_{ij}:

$$Lq_{ij} = \frac{G_{ij} / G_i}{G_j / G} \quad (i = 1, 2, \cdots, n; \; j = 1, 2, \cdots, m) \tag{8.1}$$

当 $Lq_{ij} < 1$ 时，i 城市的 j 部门不存在外向功能，即 $E_{ij} = 0$；而当 $Lq_{ij} > 1$ 时，i 城市的 j 部门存在外向功能，因为 i 城市的总从业人口中分配给 j 部门的比例超过了全国的分配比例，即 i 部门在 j 城市中相对于全国是专业化部门，可以为城市外部区域提供服务。因此 i 城市 j 部门的外向功能 E_{ij}：

$$E_{ij} = G_{ij} - \frac{G_j}{G} \tag{8.2}$$

i 城市 m 个部门总的外向功能量 E_j：

$$E_j = \sum_{j=1}^{m} E_{ij} \tag{8.3}$$

i 城市的功能效率 N_i 用人均从业人员的 GDP_i 表示：

$$N_i = \frac{GDP_i}{G_i} \tag{8.4}$$

i 城市的外向功能影响量（即城市流强度）F_i：

$$F_i = E_i N_i \tag{8.5}$$

2. 数据来源

本章的研究数据来源于《中国城市统计年鉴 2018》、武汉城市圈各城市 2018 年统计年鉴以及武汉城市圈各城市 2017 年国民经济和社会发展统计公报。鉴于数据的可获取性，本章的研究数据不包括湖北省天门市和潜江市。

8.2.3 功能网络韧性特征

1. 都市圈单核城市功能突出，层级体系尚不明显

根据相关研究，城市高质量发展的核心在于推动科技创新、先进制造、生态保护、商贸门户和文化旅游等领域。因此，将科技创新、先进制造、生态保护、贸易门户和文化旅游作为武汉城市圈城市功能体系的五个主要目标。

1）科技创新

在科技创新领域，本章关注创新投入、发展效率和经济运行，以便确定具体的评估指标。观察到武汉、黄石和鄂州等城市相较其他城市具有优势。具体来说，尽管武汉和黄石在创新投入、发展效率和经济运行的大部分指标上均处于领先地位，但一些领先城市的某些短板指标仅获得了最低的综合指数。例如，武汉的万元 GDP 能耗极高，鄂州的万人发明专利授权量相当低。这些问题将成为未来关注的重点。武汉城市圈科技创新功能体系如图 8.1 所示，指标体系见表 8.1。

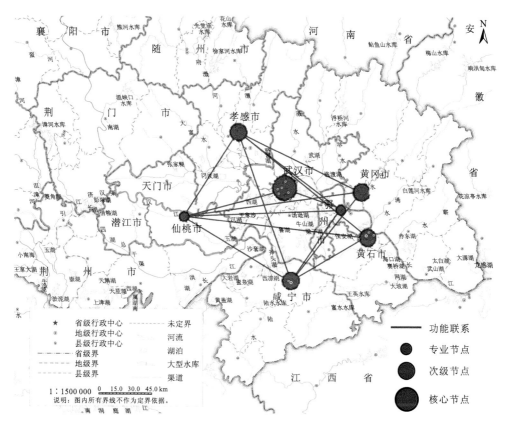

图 8.1　武汉城市圈科技创新功能体系

表 8.1　科技创新功能指标体系

目标层	准则层	指标层	武汉	黄石	鄂州	孝感	黄冈	咸宁	仙桃
科技创新	创新投入	R&D 经费投入占 GDP 的比重	3	4	3	4	3	2	1
		万人发明专利授权量	5	3	2	4	2	2	4
	发展效率	劳动生产率	5	4	4	1	1	2	3
		万元 GDP 能耗	2	5	4	4	3	3	1
	经济运行	人均 GDP	5	3	4	1	1	2	3
		综合	5	4	4	3	1	2	1

2）先进制造

在先进制造领域，利用高新技术发展作为衡量标准，选取的指标为"高新技术产业增加值占 GDP 的比例"。武汉、鄂州和潜江表现出显著优势，而黄冈和咸宁则位于后进阶层。武汉城市圈先进制造功能体系如图 8.2 所示，指标体系见表 8.2。

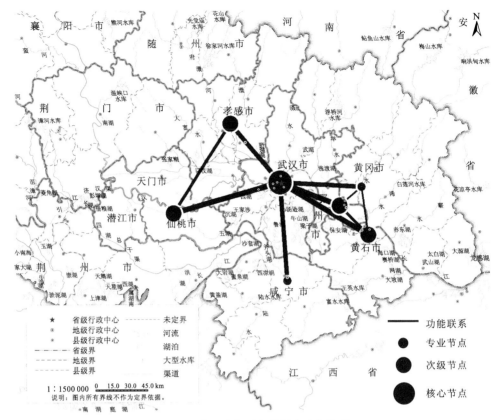

图 8.2　武汉城市圈先进制造功能体系

表 8.2　先进制造功能指标体系

目标层	准则层	指标层	武汉	黄石	鄂州	孝感	黄冈	咸宁	仙桃
先进制造	高新技术	高新技术产业增加值占 GDP 比重	5	3	4	3	2	1	3
	综合		5	3	4	3	2	1	3

3）生态保护

在生态保护方面，本章以防灾减灾、资源消耗和环境状态为评估标准，并确定相应指标。咸宁、黄冈和孝感在这方面具有较好的基础，生态环境良好。然而，由于武汉城市规模较大，城镇化发展程度较高，其建成区森林覆盖率、亿元 GDP 工业废水排放量和市区环境空气质量优良率指数都相对较低。武汉城市圈生态保护功能体系如图 8.3 所示，指标体系见表 8.3。

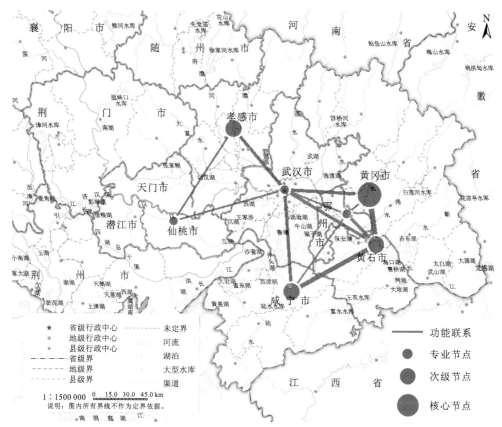

图 8.3 武汉城市圈生态保护功能体系

表 8.3 生态保护功能指标体系

目标层	准则层	指标层	武汉	黄石	鄂州	孝感	黄冈	咸宁	仙桃
生态保护	防灾减灾	建成区绿化覆盖率	1	3	1	3	4	4	2
		人均公园绿地面积	2	4	5	2	5	5	2
	资源消耗	亿元 GDP 工业废水排放量	1	2	3	4	5	4	2
		污水处理厂集中处理率	4	3	4	5	3	5	3
	环境状态	森林覆盖率	2	4	1	3	5	4	4
		市区环境空气质量优良率	1	3	4	4	3	4	5
		综合	1	3	2	4	5	5	2

4）商贸门户和文化旅游

在商贸门户方面，本章主要关注对外经贸和运输流量情况，而在文化旅游领域，重点关注城市文化设施和旅游营收。武汉的综合指数遥遥领先，而作为天仙潜西部现代农业功能区三大核心城市之一的仙桃，未来需重视现代农业与旅游发展的融合，以提升其在武汉城市圈文化旅游领域的节点地位。武汉城市圈商贸门户和文化旅游功能体系如图 8.4 所示，指标体系见表 8.4。

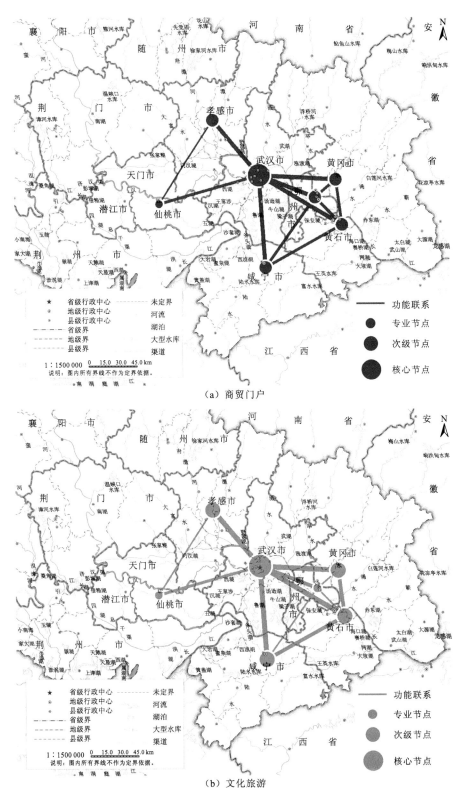

图 8.4　武汉城市圈商贸门户和文化旅游功能体系

表 8.4 商贸门户和文化旅游功能指标体系

目标层	准则层	指标层	武汉	黄石	鄂州	孝感	黄冈	咸宁	仙桃
商贸门户	对外经贸	进出口总额占 GDP 比重	5	4	3	2	1	2	3
		实际使用外资占 GDP 比重	5	2	4	2	1	1	3
	运输流量	公路客运量	5	3	1	4	5	4	1
		公路货运量	5	4	2	3	4	4	2
	综合		5	4	2	3	3	3	1
文化旅游	文化设施	公共图书馆图书数量	5	3	2	3	4	3	1
		博物馆数	5	3	1	3	4	2	1
	旅游营收	游客数量	5	3	2	3	3	4	2
		旅游酒店营业额	5	3	3	2	4	4	2
	综合		5	3	2	3	4	3	1

5）城市功能总结

从城市角度来看，武汉无疑是武汉城市圈在科技创新、先进制造、商贸门户和文化旅游方面的核心节点。然而，值得关注的是，武汉在生态保护方面的指数较低，防灾减灾、资源消耗和环境基础都有待提升和改善。黄石在科技创新和商贸门户方面领先，而在先进制造、生态保护和文化旅游方面居于中间水平，综合功能较为均衡。鄂州和孝感在五个方面的指数为 2～4，先进制造和生态保护方面表现较好，尽管功能指数平衡，但大部分位于中间或靠后的位置。黄冈和咸宁的城市功能结构相似，科技创新和先进制造较弱，但在生态保护方面表现优秀。仙桃在整个圈域中处于较落后的水平。

6）功能体系构建策略

根据对武汉城市圈现状功能体系与区域分布的梳理，从科技创新、先进制造、生态保护、贸易门户、文化旅游五个方面对功能体系提出以下构建策略。

（1）科技创新功能体系：核心互动、城际互通。首先，以武汉作为核心节点，进一步加强其在科技创新领域的领导地位。其次，对于黄石、鄂州和孝感等城市，应在保持科技创新相对优势的基础上，加强与武汉的互动合作，促进科技创新领域的发展。同时，这些城市可以充分利用自身资源，发挥各自特色，与武汉形成互补关系，共同推动城市圈的整体发展。对于黄冈和咸宁等城市，虽然在科技创新方面存在不足，但在生态保护方面具有优势。这些城市可以通过加强生态保护与科技创新的结合，发挥生态优势，推动绿色发展。同时，加强与武汉等领先城市的合作和交流，借鉴先进经验，提升自身科技创新能力。最后，仙桃作为落后梯队的城市，需要加大政策支持和投入，提升科技创新水平。

（2）先进制造功能体系：节点汇聚、区域联动。首先，以武汉为核心，发挥其在先进制造领域的领导地位，推动产业集聚和技术创新。同时，加强武汉与黄石、鄂州、孝感等城市的合作，共享资源和技术，形成产业链上下游的互动与协同发展。其次，黄石、鄂州和孝感等城市在先进制造领域具有一定的基础和优势，可以通过加强与武汉等领先城市的合作，提升自身产业技术水平，实现跨区域的联动发展。同时，这些城市可以充分发挥自身资源优势，培育特色产业，与武汉形成产业互补，共同推动先进制造功能体系的发展。对于黄冈和咸宁等城市，虽然在先进制造领域相对薄弱，但可以通过发挥生态保护优势，推动绿色制造产业的发展。同时，加强与武汉等领先城市的合作和交流，借鉴先进经验，提升自身先进制造能力。最后，仙桃作为落后梯队的城市，需要加大政策支持和投入，提升先进制造水平。

（3）生态保护功能体系：点廊协调、交织成网。首先，武汉需要加强生态保护工作，提升城市绿化和生态环境水平。可以借鉴黄冈和咸宁等城市在生态保护方面的优秀经验，加大投入和政策支持，推动绿色发展。其次，黄石、鄂州和孝感等城市在生态保护方面具有一定的基础，可以通过加强与武汉等领先城市的合作，共享资源和技术，实现生态保护的跨区域协同发展。同时，这些城市可以发挥自身生态优势，推动绿色制造产业的发展，形成多心辐射的生态保护功能体系。对于黄冈和咸宁等城市，作为生态保护的优势城市，可以进一步发挥生态资源优势，加强生态廊道建设，促进生态旅游产业发展。同时，加强与武汉等领先城市的合作和交流，共享生态保护的先进理念和技术，实现多廊共生的生态保护功能体系。最后，仙桃作为落后梯队的城市，需要加大政策支持和投入，提升生态保护水平。此外，仙桃可以发挥其在现代农业和旅游领域的优势，与武汉等领先城市进行深度合作，共同推动生态保护和绿色发展。

（4）贸易门户功能体系：武汉龙头、分层协同。首先，充分发挥武汉在国内外贸易中的重要地位，加强贸易基础设施建设，提升贸易便利化水平，加强与黄石、鄂州、孝感等城市的合作，共享资源和技术，形成贸易门户功能体系的核心带动作用。其次，黄石、鄂州和孝感等城市在贸易领域具有一定的基础和优势，可以通过加强与武汉等领先城市的合作，提升自身贸易能力，实现分级联动的发展。对于黄冈和咸宁等城市，虽然在贸易领域相对薄弱，但可以通过发挥生态保护优势，推动绿色贸易产业的发展。最后，仙桃可以发挥其在现代农业和旅游领域的优势，发展特色贸易产业。

（5）文化旅游功能体系：圈域统筹、协同发展。首先，充分发挥武汉在历史文化、旅游资源和市场优势方面的重要地位，加强文化旅游基础设施建设，提升文化旅游品质和服务水平，加强与黄石、鄂州、孝感等城市的合作，共享资源和技术，形成文化旅游功能体系的核心带动作用。其次，黄石、鄂州和孝感等城市在文化旅游领域具有一定的基础和优势，可以充分发挥自身历史文化和自然景观优势，培育特色旅游产品，与武汉形成文化旅游互补，共同推动文化旅游功能体系的发展。对于黄冈和咸宁等城市，虽然在文化旅游领域相对薄弱，但可以通过发挥生态保护优势，推动生态旅游产业的发展。最后，仙桃可以发挥其在现代农业和旅游领域的优势，发展特色旅游。

2. 武汉主导城市功能联系，全域均衡势在必行

1）城市流的概念

本节主要运用城市流这一方法来识别武汉城市圈内各个城市之间的联系。城市间的

功能联系主要通过城市流的空间流转来表现，包括人流、物流、资金流、技术流和信息流等。城市群区域内密切经济联系的城市间和产业间的相互作用构成了这种联系。城市的产生和发展以及城市内部和城市之间的流动源于城市的多种功能。城市功能是城市中进行的所有生产、服务活动的总称，由该城市的地域产业、市场、资本、商品、技术、人才等结构所决定的机能。由于不同城市具备不同的结构优势，造成了机能上的差异，进而对城市之间进行互相联系产生了客观需求，这种城市之间的联系表现为城市流。

2）武汉城市圈实证分析

由于武汉城市圈内各城市的功能定位和产业分工存在显著差异，第一产业往往不是城市的基本部门。为了研究城市外向功能影响量的流动路径，本章将第二产业和第三产业共计18个职业门类作为城市不同行业的划分标准进行计算。

（1）第二产业功能量。除咸宁外，6座城市的第二产业功能量总计均为正值（表8.5），表明这些城市在第二产业方面具有一定优势，对外影响力较大。其中，黄冈在第二产业方面具有突出优势，处于第一梯队；黄石、鄂州和孝感处于第二梯队；武汉和仙桃的第二产业功能量较低。在武汉城市圈内，咸宁的第二产业功能量总计为负值，说明其在第二产业方面主要起承接作用，第二产业仅作为其城市基本功能存在，对外影响力较弱。

表 8.5　武汉城市圈各城市第二产业功能量

第二产业	武汉	黄石	鄂州	黄冈	孝感	咸宁	仙桃
采矿业	−5.57	0.39	0.07	−1.10	−1.58	−0.52	−0.29
制造业	−6.88	2.10	2.06	0.14	5.34	−0.77	2.67
电力、燃气、水供应生产	−3.10	−0.23	−0.15	−0.77	−0.99	−0.17	−0.20
建筑业	18.22	2.04	2.62	9.84	2.36	−0.18	−1.20
总计	2.67	4.30	4.60	8.12	5.13	−1.64	0.98

（2）第三产业功能量。武汉、咸宁和仙桃的第三产业功能量总计为正值（表8.6），高于全国平均水平，表明这3座城市在第三产业方面具有强大的对外影响力和竞争优势。相反，黄石、鄂州、黄冈和孝感的第三产业功能量总计为负值，说明这些城市在第三产业方面的对外影响力不强，其第三产业主要满足城市内部需求，主要发挥承接功能。

表 8.6　武汉城市圈各城市第三产业功能量

第三产业	武汉	黄石	鄂州	黄冈	孝感	咸宁	仙桃
交通运输、仓储和邮政业	1.33	−0.57	−0.53	−2.50	−2.06	−0.19	−0.29
信息传输、计算机服务和软件业	0.08	−0.50	−0.31	−1.15	−1.20	−0.15	−0.17
批发零售业	9.31	−0.48	0.19	0.07	3.40	−0.33	0.18
住宿餐饮业	2.15	−0.13	0.08	0.38	2.04	−0.15	−0.12
金融业	−0.72	−0.66	−0.57	−1.22	−2.07	−0.29	−0.22

续表

第三产业	武汉	黄石	鄂州	黄冈	孝感	咸宁	仙桃
房地产业	2.26	-0.39	-0.16	-0.25	-0.12	-0.22	-0.13
租赁商务服务业	-1.79	-0.53	-0.40	0.73	-0.21	-0.40	-0.13
科学研究技术服务业	3.21	-0.22	-0.35	-1.41	-1.31	-0.30	-0.17
水利、环境和公共设施管理业	-0.12	-0.23	-0.05	-0.48	-0.42	-0.09	0.07
社会服务业	-0.24	-0.09	0.05	-0.08	0.65	-0.09	-0.05
教育	-3.45	-0.17	-0.86	-1.16	-2.23	1.37	0.54
卫生和社会工作	-1.58	0.34	-0.31	-0.45	-0.95	1.05	1.15
文化体育娱乐业	1.35	-0.02	-0.05	-0.19	0.08	-0.01	-0.04
公共管理和社会组织	-11.59	-0.27	-1.07	-1.39	-2.79	1.75	0.52
总计	0.19	-3.94	-4.34	-9.10	-7.19	1.94	1.13

（3）城市流强度。城市流强度是一个反映城市对外交流和联系能力的重要指标。在武汉城市圈中，武汉的城市流强度远高于其他节点城市，表明其在外向交流和联系方面具有显著的优势。这种优势不仅体现在经济方面，如贸易和投资，还体现在文化、科技和人才流动等方面。相反，黄石、咸宁和鄂州的城市流强度较低，这表明这些城市在外向交流和联系方面的竞争优势相对较弱，可能受到经济、地理和人口等多种因素的制约。孝感、仙桃和黄冈的城市流强度处于中等水平，虽然不如武汉那么强劲，但也表明这些城市在外向交流和联系方面具有一定的优势，有潜力成为未来的发展热点。

根据循环累积因果理论，发展条件较好的地区比发展落后的地区拥有更多的发展机会。因此，为了提升武汉城市圈的整体实力，需要协调武汉与周边城市的分工协作，实现区域合力的发展。这需要政府、企业和社会各方面的共同努力，以推动武汉城市圈的可持续发展和繁荣。武汉城市圈城市流强度见表 8.7。

表 8.7　武汉城市圈城市流强度

项目	武汉	黄石	鄂州	黄冈	孝感	咸宁	仙桃
城市流强度	2 311.96	234.97	206.89	274.3	338.15	228.78	327.52

（4）功能联系网络。武汉城市圈节点城市的功能联系具有明显的层次性。一级与二级经济联系主要发生在核心增长极武汉与近域城市间（武汉城市圈核心区），这些城市在经济联系方面具有较强的优势。而三级以下经济联系主要发生在武汉城市圈其他节点城市间，这些城市在经济联系方面相对较弱。这表明武汉城市圈中的城市在经济联系方面存在明显的层次性，不同层次的城市具有不同的优势和劣势。这也提示我们，在推进武汉城市圈的发展过程中，需要充分利用核心城市的优势，同时加强其他城市之间的协作，实现区域经济的协同发展。

通过引力模型对城市间的外向功能联系强度进行定量测度（表 8.8），将城市联系强度从强到弱分为五个层级。根据外向功能联系强度的大小，可以将城市网络分为不同的层级，其中：第一层级网络的联系强度大于 1 000，包括鄂州和黄冈；第二层级网络的联系强度为 100～1 000，包括武汉、鄂州、黄冈和孝感；第三层级网络的联系强度为 50～100，包括武汉、黄石、咸宁、鄂州、黄冈和孝感；第四层级网络的联系强度小于 10，包括武汉、黄石、咸宁、鄂州、黄冈、孝感和仙桃。这些城市之间的功能联系表现出层次性与网络性的双重特征，不同层级的城市具有不同的联系强度和联系方式。这些结果提示我们，在推进城市间的功能联系和区域协同发展方面，需要充分利用城市间的联系优势，同时加强网络的协作和合作，实现层次性和网络性的双重发展。

表 8.8　武汉城市圈各城市功能联系强度

城市	武汉	黄石	鄂州	黄冈	孝感	咸宁	仙桃
武汉	—	79.24	129.4	198.66	322.97	75.68	11.17
黄石	—	—	75.35	61.02	4.64	8.48	0.65
鄂州	—	—	—	1 064.93	6.09	7.01	0.66
黄冈	—	—	—	—	8.97	8.45	0.91
孝感	—	—	—	—	—	4.98	2.46
咸宁	—	—	—	—	—	—	0.73
仙桃	—	—	—	—	—	—	—

由图 8.5 可见，武汉城市圈网络化特征十分明显。但其网络结构主要由武汉及其近域城市构成，远离核心区的城市间联系较少，出现了联系网络的断裂和缺失。同时，武汉、鄂州、黄冈、黄石 4 座城市之间具有明显高于其他城市的联系强度，形成了较为成熟的网络结构。部分城市受到其地理区位及发展水平的制约，外向联系较弱，导致整体网络结构较单薄，整个武汉城市圈的网络化结构仍有发展、强化与完善的空间。因此，为了进一步促进武汉城市圈的发展，需要加强城市之间的联系，特别是远离核心区的城市，提高其外向联系能力，推动整个城市圈的网络化结构更加完善和健康地发展。

8.3　武汉城市圈功能网络韧性提升策略

8.3.1　巩固基础，营造支撑稳定的发展环境

梳理武汉城市圈各城市的发展阶段与水平，分析城市发展的优势与劣势、机遇与挑战，进而识别城市当前发展中的障碍以及未来发展中可能存在的不足，补全城市发展的短板，营造对人才亲近、对投资亲和的城市发展环境，全面提升城市发展的质量与潜力。

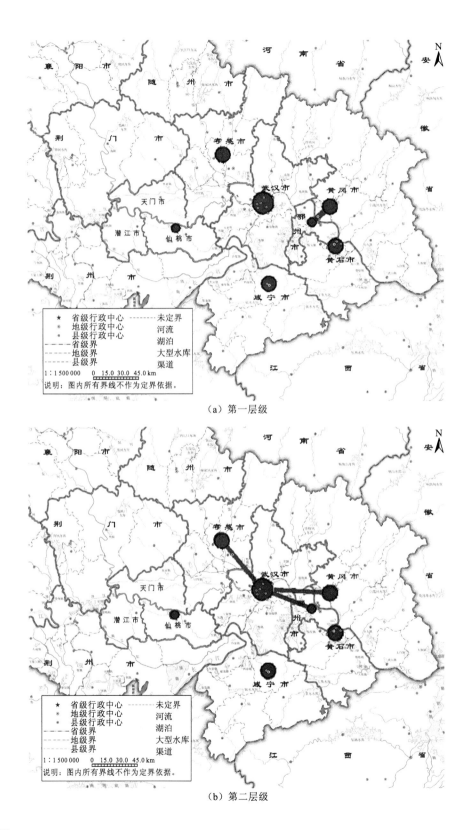

（a）第一层级

（b）第二层级

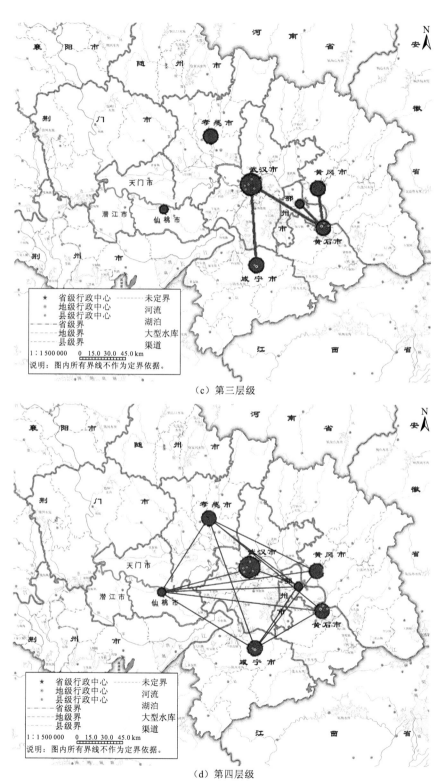

（c）第三层级

（d）第四层级

图 8.5　城市间外向功能联系强度

1. 保障交通体系完善，构建高效的发展基础

根据城市现有发展水平和经济社会发展需要，构建面向未来的城市交通体系，大力发展公共交通。为了实现城市的可持续发展，需要统筹城市发展布局、功能分区、用地配置和交通发展，倡导公共交通支撑和引导城市发展的规划模式。因此，应科学制订城市综合交通规划和公共交通规划，明确公共交通优先发展原则，统筹重大交通基础设施建设，合理配置和利用各种交通资源，并科学规划线网布局，优化重要交通节点设置和方便衔接换乘，落实各种公共交通方式的功能分工，加强与个体机动化交通以及步行、自行车出行的协调，促进城市内外交通便利衔接和城乡公共交通一体化发展。此外，还应提升公共交通设施和装备水平，提高公共交通的便利性和舒适性，并科学有序地发展城市轨道交通，积极发展大容量地面公共交通，加快调度中心、停车场、保养场、首末站及停靠站的建设，提高公共汽（电）车的进场率。同时，还应推进换乘枢纽及步行道、自行车道、公共停车场等配套服务设施建设，将其纳入城市旧城改造和新城建设规划同步实施，并按照智能化、综合化、人性化的要求，推进信息技术在城市公共交通运营管理、服务监管和行业管理等方面的应用，重点建设公众出行信息服务系统、车辆运营调度管理系统、安全监控系统和应急处置系统。最后，还应加强城市公共交通与其他交通方式、城市道路交通管理系统的信息共享和资源整合，提高服务效率。

2. 保障社会环境安全，打造稳定的发展基础

为了保障武汉城市圈内的生产生活安全，需要构建完善的自然灾害和突发公共事件的监测预警及防控体系。为确保城市的社会安全，必须系统地识别和应对社会风险，深入理解风险感知和控制，并从观念、制度和实践等多个层面出发，构建风险诊断与防范机制。此外，还应建立社会安全风险的防范和预警机制，通过及时预警和采取有效措施，消除安全隐患，预防重大风险和危机事故的发生。为达到这一目标，应进行安全、风险及危机的预警工作，并建立包括信息、后果、危机预测和预控对策在内的预警系统。同时，强化责任伦理，合理分担风险责任，形成现代的有组织、负责任的体制。还需从法律法规、体制机制、力量运用和操作规程等多个方面着手，构建全方位、多层次、灵敏协调高效的安全防控网络，并不断完善监测体制，涵盖政府行为模式、管理、责任、组织架构、治理模式和公众参与等多个方面。

8.3.2　战略引领，构建分工合理的功能体系

充分发挥区域发展战略的引领作用，以宏观、整体的视角研判武汉城市圈的发展形势与发展机遇，从政治、经济、文化、生态及社会多个层次，以步调一致、共同繁荣、开放包容、清洁美丽为区域发展目标，构建紧密联系、合作共赢的武汉城市圈共同体。发挥武汉作为都市群地理中心的扩散作用，基于武汉城市圈各城市的发展基础，促进武汉城市圈协同共进，打造分工合理的武汉城市圈功能体系。

1. 全区域战略统筹，引领区域共同发展

积极把握中部地区崛起、长江经济带发展、长江大保护等战略机遇，为全域营造良好的发展环境，积累政策、资本优势，为武汉城市圈功能体系垂直差异化与水平差异化建立坚实的基础。主动承接先进产业转移项目，引进能够嵌入武汉城市圈产业体系的项目，构建多样化、高质量的产业集群，提供大量发展机会。主动寻求创新，构建新型的经济与空间组织形式，形成层次分明，事权清晰的等级体系，形成完善的人才激励机制和管理体制，激发创新活力，提高发展绩效。

2. 次区域战略协调，引领区域分化发展

依据武汉城市圈全域发展战略，通过政策引导与制度约束促进功能分化，促进功能体系水平差异化，降低城市各类产业在区域中的可替代性。

促进武鄂黄黄都市连绵带进一步发展，突破行政区划制约，强化人口、职能、产业、重大交通和基础设施的协调发展，发挥武鄂黄黄连绵带在国家战略尺度作为历史上国家装备制造业的重点发展区域、当前国家长江经济带的发展节点、国家中部两型试验区的核心发展区域，以及作为湖北省城镇化核心区域、武汉城市圈先导发展区等战略地位所带来的优势，以中心城市带动腹地发展，提高武鄂黄黄城镇连绵带空间发展协调性，率先实现融合发展；鄂州、黄石、黄冈三市应积极与武汉对接，承接武汉的人口和产业转移，促进都市连绵带产业协作、功能整合。

8.3.3 加强联系，建立竞合友好的发展格局

构建互联互通体系，促进各类要素充分流动，从而促使要素的集聚以及功能的分化，在比较优势的推动下，以市场主导、政府引导，孵化竞合友好的发展格局。

1. 交通互联，促进人流与物流高效流动

依托武汉市的全国性、区域性交通设施以及武汉城市圈内交通设施，构建互联互享的交通体系。加强高速铁路客运专线建设，增大客运能力，新增武汉至青岛、武汉至桂林的高速客运专线。重点建设沿江高速铁路（沪汉蓉高铁复线）及沪汉蓉高速铁路。为了优化提升普铁区域性线路，提升普铁货运通行能力，构建区域性客运轨道网络，实现城际交通"公交化"，需要加强机场与区域中心城市间的便利联系，并强化新机场面向周边重点发展协作区的轨道网络建设，以提高天河国际机场、武汉第二机场、鄂东机场的区域可达性。此外，还应积极构建武汉城市圈的客运轨道交通体系，以武汉为核心，其他八市为重要节点，形成沿城镇发展轴线的城际骨干网络。同时，根据城镇组团的发展需求，建立连接八市并尽量覆盖 20 万人口及以上主要城镇的二级环形网络，形成"两环十二射"的圈层结构。此外，还需考虑武汉城市圈对外的辐射效应，为与武汉城市圈紧密相关的长沙、九江、襄阳、宜昌等城市的线网延伸预留空间。通过高铁网络的建设，

期望实现武汉与孝感、仙桃、潜江、天门、咸宁等地级市之间的半小时高铁交通圈，并通过城际铁路与普通铁路的连接，使武汉与麻城、赤壁、洪湖、安陆、云梦、大悟等县级市之间形成 1 小时交通圈。以武汉城市圈为基石，致力于构建互联互通的对外交通廊道，形成包括武汉至河南郑州、武汉至安徽合肥、武汉至长沙、武汉至南昌、武汉至川渝、武汉至陕西西安以及京九大广在内的七条综合运输通道，以加强区域间的交通联系与合作。建设综合高效的内部交通廊道，着重提升武汉国家中部地区交通枢纽地位，建成黄石、鄂州、黄冈组合型区域性综合交通枢纽，强化咸宁交通信息基础设施联网同城化，构建孝感以高速公路、干线公路、铁路和水运为骨架的区域交通网络，打造鄂豫省际区域性交通枢纽，着重建设天门为省内枢纽型交通城市，同时，以综合运输大通道建设为重点，突出汉十—京广综合交通轴、鄂东沿江综合交通轴、汉宜昌综合交通轴以及武咸综合交通轴，此外，构筑主要由武汉城市圈内环、武汉城市圈中环、武汉城市圈大外环线构成的武汉城市圈交通走廊环形骨架。

2. 要素互通，促进知识与智慧高效重构

加强信息网络建设，完善武汉城市圈信息网络一体化布局，推进第五代移动通信和新一代信息基础设施布局。同时，探索取消武汉城市圈内固定电话长途费，推动都市圈内通信业务异地办理和资费统一，并持续推进网络提速降费。武汉城市圈为了提升武汉城市圈物流运行效率，需要打造"通道+枢纽+网络"的物流运行体系，推动物流资源优化配置，并统筹布局货运场站、物流中心等，鼓励不同类型枢纽协同或合并建设，支持城市间合作共建物流枢纽。此外，还应结合发展需要适当整合迁移或新建枢纽设施，完善既有物流设施枢纽功能，提高货物换装的便捷性、兼容性和安全性，并畅通货运场站周边道路，补齐集疏运"最后一公里"短板。同时，还应提高物流活动系统化组织水平。武汉城市圈为了加快人力资源市场一体化，需要放开放宽除个别超大城市外的城市落户限制，并在具备条件的都市圈率先实现户籍准入年限同城化累积互认，加快消除城乡区域间户籍壁垒，统筹推进本地人口和外来人口市民化，促进人口有序流动、合理分布和社会融合。此外，还应推动人力资源信息共享、公共就业服务平台共建。为了推动技术市场一体化，需要支持联合建设科技资源共享服务平台，鼓励共建科技研发和转化基地，并探索建立企业需求联合发布机制和财政支持科技成果共享机制，以清理城市间因技术标准不统一形成的各种障碍。此外，还应建立武汉城市圈技术交易市场联盟，并构建多层次知识产权交易市场体系，同时鼓励发展跨地区知识产权交易中介服务，支持金融机构开展知识产权质押融资、科技型中小企业履约保证保险等业务。

第9章 襄十随神城市群国土空间韧性提升

当前，国家以城市群为城镇化发展的主体形态，这是我国区域经济系统构成与增长模式转变、交通设施网络化建设和区域协同一体化治理之间相互作用与深度耦合的结果。随着内外部条件的复杂变动，安全发展被提升至一个新的战略高度，城市群的安全韧性发展成为必然要求。本章以湖北省襄十随神城市群为研究对象，尝试对城市群的区域发展历程、发展条件和空间特征展开研究并总结其韧性安全问题，然后从韧性空间框架和韧性重点领域两方面构建城市群韧性发展框架，最后提出生态、经济、社会、交通等方面的韧性提升策略[①]。

9.1 研究区域概况

9.1.1 区域发展历程

襄十随神城市群由襄阳市、十堰市、随州市、神农架林区组成，土地面积合计约56 263 km²。四市（林区）地处湖北省西北部，同享秦巴山脉，自然资源丰富，名胜古迹众多，长江文化富集。改革开放后，湖北省作为改革开放的前沿省份之一，四地城市化进程逐渐加快，经济合作尤其是汽车产业协同日益加深，"汉孝随襄十"的国家级汽车产业走廊自西向东贯穿整个城市群，为城市群的一体化发展奠定了一定的内生动力和协同基础。

湖北省"一主两翼"战略于中共湖北省委十一届八次全会中正式提出，会议科学谋划了"十四五"湖北建成支点、走在前列、谱写新篇的高质量发展路径，构建以武汉市为主轴，襄阳市、宜昌市为两个翼部主力，通过发展武汉城市圈、襄十随神城市群和宜荆荆恩城市群三个都市圈与城市群，全力推进长江经济带发展，构建具有全球竞争力的现代化产业体系和现代化城市群，如图9.1所示。同时，《湖北省国民经济和社会发展第十四个五年规划和二〇三五年远景目标纲要》中进一步提出，推动"襄十随神""宜荆荆恩"城市群由点轴式向扇面式发展，推进群内基础设施互联互通、产业发展互促互补、生态环境共保联治、公共服务共建共享、开放合作携手共赢，加快一体化发展，加强"两翼"互动，打造支撑全省高质量发展的南北"两翼"。通过推进襄十随神城市群发展，探索中西部地区非省会城市共建城市群的模式路径，打造支撑全省高质量发展的北部阵列。

---

① 本章部分内容基于《襄十随神城市群国土空间规划》相关内容整理改写。

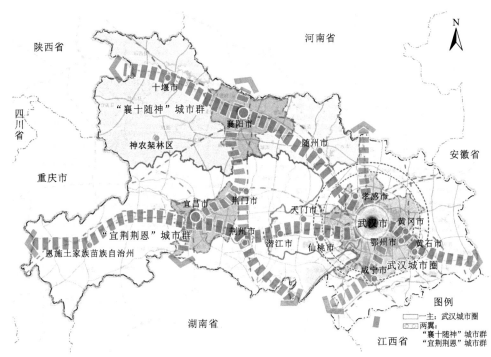

图 9.1　湖北省"一主引领、两翼驱动、全域协同"区域发展布局

资料来源:《湖北省国民经济和社会发展第十四个五年规划和二〇三五年远景目标纲要》

因而需协同与武汉城市圈和宜荆荆恩城市群的规划衔接、产业对接、优势互补和布局优化,实现联动发展。

在湖北省"一主两翼"战略的推动下,襄十随神城市群积极发挥自身优势,加快城市现代化建设,推进区域协同发展。同时,随着湖北省和周边省经济社会的快速发展与合作加深,襄阳市、十堰市、随州市、神农架林区也在积极推进城市现代化建设,城市基础设施不断完善,产业结构不断升级,城市发展活力不断增强。

9.1.2　区域发展条件

1. 经济社会发展

经济增速平稳发展,襄阳核心引领明显。2019 年,襄十随神城市群的生产总值为 8 020.65 亿元,占湖北省的 17.67%,人均生产总值为 7.05 万/人。襄十随神城市群近十年的经济发展大致可分为高速猛进发展、中速提升发展和低速平稳发展三个时期,见图 9.2。2008~2011 年,襄十随神城市群经济发展处于高速猛进期,经济增长率最高达到近 30%,2011~2013 年过渡至中速提升发展期,年均经济增长率为 14%,2014 年后进入平稳提升期,年均经济增长率在 10%上下。四市生产总值呈梯级分布,2019 年各市生产总值依次为襄阳 4 812.84 亿元、十堰 2 012.72 亿元、随州 1 162.23 亿元、神农架 32.86 亿元,其中襄阳生产总值占襄十随神城市群总产值的 60%,核心引领效应突出。

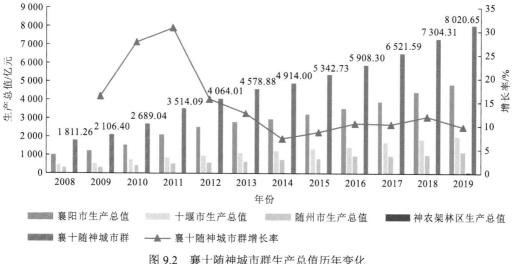

图 9.2　襄十随神城市群生产总值历年变化

第二产业比重较高，迎来二三产跨越期。2019 年，襄十随神城市群三次产业比重为 9.72：46.97：43.31，呈现"二三一"产业结构特征，如图 9.3 所示。由于土地自然资源要素差异，襄十随神四市（林区）地区性发展差异较大，如图 9.4 所示，如随州市和襄阳市，由于地形平坦、资源丰富、交通便利等因素，工业发展较早，均处于工业化中后期阶段，襄阳市呈现"二三一"产业结构，第一、二、三产业占比分别为 9.33%、48.40%、42.27%，随州市同为"二三一"的产业结构，第一、二、三产业占比分别为 13.44%、46.81%、39.75%；神农架林区和十堰市受到地形的限制和生态资源禀赋的优势导向，两地第三产业占比最大，均呈现"三二一"的产业结构，其中十堰市逐渐转向后工业化阶段，其第一、二、三产业占比分别为 8.52%、43.93%、47.55%；神农架林区则处于工业化初期，其第一、二、三产业占比分别为 7.20%、30.91%、61.89%，优先发展生态旅游服务业。城市群历年产业结构变化中，第二产业占比逐渐下降，第一产业、第三产业占比逐年提升，且第三产业占比接近第二产业占比，整体处于工业化中后期阶段，如图 9.5 所示。

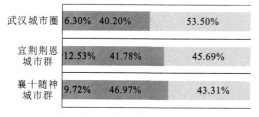

| 武汉城市圈 | 6.30% | 40.20% | 53.50% |

| 宜荆荆恩城市群 | 12.53% | 41.78% | 45.69% |

| 襄十随神城市群 | 9.72% | 46.97% | 43.31% |

■第一产业占比　■第二产业占比　□第三产业占比

图 9.3　2019 年湖北省三城市群产业结构

| 襄阳市 | 9.33% | 48.40% | 42.27% |

| 十堰市 | 8.52% | 43.93% | 47.55% |

| 随州市 | 13.44% | 46.81% | 39.75% |

| 神农架林区 | 7.20% | 30.91% | 61.89% |

■第一产业占比　■第二产业占比　□第三产业占比

图 9.4　2019 年襄十随神城市群各市产业结构

户籍人口城镇化率增速加快，新型城镇化步伐不断加快。2019 年，襄十随神城市群城镇化率为 58.31%，近六年内增长了 9.18%，年均增长率为 1.5%，城镇化水平稳步增长。其中襄阳市、十堰市、随州市、神农架林区的城镇化率分别为 61.70%、56.51%、52.70%、

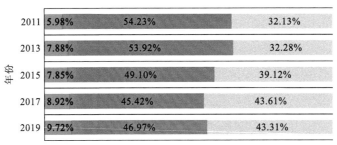

图 9.5　2011~2019 年襄十随神城市群产业结构变化

49.20%，如图 9.6 所示，襄阳市的城市化率最高，十堰市次之，且两市高于全国的平均水平，随州市与神农架林区的城镇化水平则低于全国平均水平。可以看出，城市群内城镇化率与经济发展水平基本成正比，经济发展水平较高的襄阳市城镇化水平也相对较高，而西部经济落后地区城镇化水平则较为滞后。在新型城镇化的背景下，襄十随神城市群不断推进城市化进程，加快城市现代化建设和城乡融合发展。目前，襄阳市、十堰市、随州市和神农架林区已经形成了相对完整的城市体系，同时，城乡融合发展也在逐步推进，城市与农村的差距在缩小，农民的生活水平得到了提高。

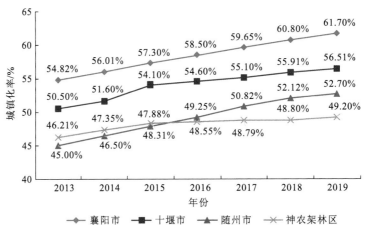

图 9.6　2013~2019 年襄十随神城市群各市城镇化率变化情况

2. 区位交通优势

地处数条重要通道交汇处，区域交通区位优越。襄十随神城市群不仅地处长江经济带的中游地区，是连接上游成渝城市区、长江中游城市群和下游长三角地区的重要纽带。同时襄十随神城市群也位于国家"十纵十横"的综合运输大通道中二连浩特至湛江通道、福州至银川通道、烟台至重庆通道三条运输大通道交汇处，交通区位十分优越。郑万高铁湖北段的核心段贯穿襄十随神城市群，向北连通河南省邓州市，向西连通重庆市万州区，是联系襄十随神城市群与河南省、重庆市的重要交通廊道。另一区域重要交通廊道西武高铁西起陕西省西安市，从十堰市横向贯穿襄十随神城市群，并通过武汉枢纽与京广高速铁路、武九高速铁路相连，加强了城市群与陕西省、广东省、福建省等地的交通联通。

核心城市襄阳为全国与中部地区重要交通枢纽。襄阳市因区位而兴，因交通而盛，历来为南北通商和文化交流的通道，又是国务院确定的 63 个全国性综合交通枢纽之一。作为中部地区的重要交通枢纽，襄阳市是南北铁路、公路、水路的交会点，连接了中南地区和华北地区、西北地区，具有重要的交通地位。襄阳市还拥有丰富的水运资源，是汉江流域的重要航运枢纽，通过汉江与长江相连，连接了长江三角洲、珠江三角洲等发达经济区域，为中部地区提供了更为便捷的水上交通运输。此外，途经襄阳市的中欧班列使襄阳市从内陆铁路枢纽转变为"一带一路"双向开放的桥头堡。

3．特色产业发展

汽车产业主导明显，集聚效应日益突出。襄十随神城市群总产值排名前五的产业分别是汽车制造业、农副食品加工业、纺织业、非金属矿物制品业、化学原料和化学制品制造业。其中汽车制造业的总产值为 3 432.58 亿元，襄阳、十堰两市的汽车产业产值均达到 1 000 亿元以上。从各市层面来说，襄阳市的主导产业主要为汽车产业、装备制造、电子信息、医药化工、新能源材料、农产品加工等；十堰市的主导产业主要为汽车制造业、能源产业、现代服务业、绿色有机农产品加工业等；随州市的主导产业为专用汽车产业、风机产业、农副产业等；神农架林区的主导产业为生态旅游业、食品加工业，如图 9.7所示。襄阳市、十堰市、随州市的主导产业均有汽车相关产业，协同需求日益突出。

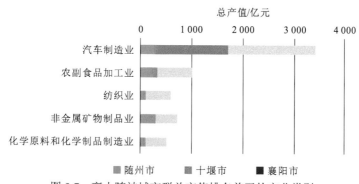

图 9.7　襄十随神城市群总产值排名前五的产业类别

襄十随神城市群的汽车产业不仅在全省内占据重要地位，在全国产业格局中地位也举足轻重。襄阳市、随州市、十堰市都是全国重要的汽车城：襄阳市是"中国汽车产业集聚区""中国第八大汽车城"，是东风轻型商用车、中高档乘用车制造基地和国家动力及部件制造基地；十堰市是全国唯一的"卡车之都"，是闻名全国的汽车工业基地、"东风车"的故乡；随州市是"中国专用汽车之都"，专用汽车生产总量大、产品种类多、专业化程度高，行业影响力强。湖北省作为全国重要的汽车及零部件产业基地，目前坐拥的两大国家级汽车产业走廊中，其中一条便是"汉孝随襄十"万亿级汽车产业走廊，其以武汉为起点，连接孝感市、随州市、襄阳市、十堰市，该产业走廊沿着汉江、斜向鄂西北，沿线汇集东风乘用车、东风商用车、东风本田、神龙、上汽通用、程力、三环等众多重量级车企。该条汽车发展轴带串联襄十随神城市群各个城市，在国家范围内有重大影响力，形成了以随州专用车、十堰商用车、襄阳乘用车错位发展、配套发展的格局，形成了既各具优势又相互补充的鄂北汽车产业集群，产业集聚扩散效应明显，如图 9.8 所示。

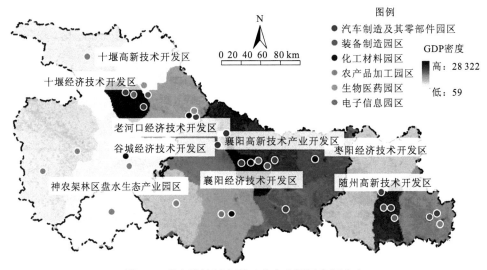

图 9.8 襄十随神城市群工业产业园区空间分布

9.1.3 国土空间特征

1. 生态空间

生态空间占比较高，呈"东西高、中部低"格局。襄十随神城市群生态空间面积共 40 191.81 km²，占城市群全域面积的 71.34%。从生态空间类型上看，生态空间主要类型为水域、林地、湿地等，植被覆盖率与生物多样性较高。从生态空间分布上看，城市群内重要生态空间分布呈现"东西高中部低"的格局，鄂西高度集聚，由西部逐渐向东延展，重要生态保护区主要集聚于西部秦巴山地区与东部大洪山地区，鄂中江汉平原生态用地占比相对较低。

汉江生态地位高，城市群水系格局复杂。襄十随神城市群所处的鄂西北属于汉江中游地区，汉江自西向东贯穿城市群，境内水资源主要为汉江及其支流。汉江共流经城市群内十堰市、襄阳市、宜城市等 11 个市（县、区），构建了以汉江为轴带的水系网络结构，大小湖泊分散分布在丹江口水库周边、汉江襄阳段等地区，形成纵横交错的网络水系格局。2020 年境内大中型水库共 136 座，其中丹江口水库由 1973 年建成的丹江口大坝下闸蓄水后形成，横跨湖北、河南两省，由汉江库区和丹江库区组成。丹江口水库是南水北调中线工程水源地，多年平均入库水量为 394.8 亿 m³，水源来自汉江及其支流丹江，具有防洪、发电、灌溉、航运及水产养殖等综合效益，水库蓄水总量占全省总量的43.15%，水质连续二十多年稳定在国家 II 类以上标准，库区环境质量十分优越。

2. 农业空间

农业空间较为集中，江汉平原地区条件优渥。从湖北省国土空间总体规划耕地利用等分级来看，襄十随神城市群的耕地优等地和高等地主要集中在襄阳、随州两地。其中，北部岗地与南部平原由于气候条件良好、光能充足、雨热同季且耕地集中连片，是鄂中种植的黄金地带地区之一。

受地形地貌与资源禀赋影响，规模分布不均匀。鄂中地区农业空间规模高度聚集，城市群内，老河口市、襄阳市和枣阳市等鄂中连绵集聚区的农业空间规模相对较大，面积在 1 500～2 500 km²；而房县、神农架林区等地以山地为主，是农业空间规模低聚集区域，面积均小于 500 km²。对比近年数据，襄十随神城市群耕地面积有所增长，耕地总量稳中有升。

3. 城镇空间

东部集聚高于西部，襄阳都市圈一体化格局初现。从人口分布上来看，2020 年襄十随神城市群常住人口分布整体呈现"东密西疏、周边发散"的特征。根据第七次人口普查数据，2020 年襄十随神城市群常住人口为 1 058.44 万人，城区人口为 235.68 万人。其中：襄阳市的常住人口最多，为 526.09 万人；其次是十堰市，为 320.90 万人；再次是随州市，为 204.79 万人；最后是神农架林区，为 6.66 万人。襄阳市及其周边区县是襄十随神城市群中人口最为集中、经济社会发展水平最高的地区，樊城区、襄城区、襄州区、枣阳市等城镇人口及常住人口密度较高，襄阳都市圈一体化格局初显，而西部地区的神农架林区、保康人口密度较低。

城镇数量整体偏少，规模等级结构不完整。截至 2020 年，襄十随神城市群内有 II 型大城市（100 万～300 万人）2 个，分别为十堰市、襄阳市；中等城市（50 万～100 万人）4 个，分别是枣阳市、随州市区、广水市、随县；I 型小城市（20 万～50 万人）10 个，分别是郧西县、南漳县、老河口市、宜城市、谷城县、保康县、竹溪县、竹山县、丹江口市、房县；神农架林区为 II 型小城市（小于 20 万人），一批 50 万人左右的中等城市迅速崛起，见表 9.1。城市群城镇体系结构不断优化，但仍存在问题，城镇数量整体较少，城市群中等城市数量偏少且集中于东部，金字塔结构不完整。

表 9.1 2018 年襄十随神城市群现状城镇规模等级表

规模等级		城镇规模/万人	个数	城镇名称
特大城市		500～1 000	0	—
大城市	I 型	300～500	0	—
	II 型	100～300	2	襄阳市区、十堰市区

规模等级		城镇规模/万人	个数	城镇名称
中等城市		50～100	4	枣阳市、随州市区、广水市、随县
小城市	Ⅰ型	20～50	10	郧西县、南漳县、老河口市、宜城市、谷城县、保康县、竹溪县、竹山县、丹江口市、房县
	Ⅱ型	<20	1	神农架林区

9.1.4　韧性安全问题

1. 流域安全保护紧迫

襄十随神城市群位于秦岭大巴山余脉，鄂西北汉江中游，复杂多样的地形对气候要素产生明显的再分配作用。城市群降水多，且时空分布不均，加上城市群地形起伏大、林地分布不均，使得暴雨造成的土壤水力侵蚀严重，同时，城镇化过程中人为地毁林开荒种植、破坏森林植被及大量开垦荒山、荒坡，进一步加剧了生态环境的脆弱。城市群自然生态环境韧性亟待提升，以应对极端气候变化与自然灾害带来的多重挑战，如洪涝、地震、干旱、高温等。

汉江上下游水安全与保护问题突出。水安全方面，江汉地区"旱包子"问题突出，中下游地区枯水期水质下降风险增大，对供水安全造成潜在威胁。水环境安全方面，水环境自净能力下降，水华日趋严重，汉江流域周边多耕地农田和城镇，同时存在受农业面源污染、生活污水和工业废水污染的风险，尤其是襄阳段水生态环境功能减弱，神定河、泗河等支流水质为劣Ⅴ类。汉江流域涉及襄阳与十堰下辖县市众多，协同保护工作十分繁重。

2. 生态治理修复任务重

襄十随神城市群水土流失与石漠化现象普遍，鄂西北地区为水土流失重点地区，主要集中在南漳县、保康县、宜城市和枣阳市，十堰市是丹江口库区及上游国家级水土流失重点预防区，随州属国家级水土流失重点预防区，水土流失呈递增趋势。水土流失进一步造成石漠化，主要分布在鄂西大巴山南坡、十堰丹江口库区附近岩溶地区、丹江口市水域两侧北部和南部山区。襄十随神城市群面临繁重的生态环境跨区域治理和修复任务。

鄂西生态绿色资源统筹联动不足，主要体现在大巴山区生态屏障共保共治以及神农架—三峡库区生物多样性协同保护等方面。其中，神农架林区是国家级森林及野生动物自然保护区，已被列入联合国教科文组织人与生物圈保护区网，以生物多样性保护为主导生态功能，不仅是南水北调中线工程调水水源地——丹江口水库的重要集水区域，同时也是三峡库区的天然生态绿色屏障。此外，汉江流域的联防共治协同不足，跨区域生态补偿机制有待完善。

3. 基础设施的适灾性弱

城市群内各城市的人口数量和分布不均，导致某些地区的公共资源供需关系紧张，且由于各城市经济发展水平不同，公共资源配置水平差异较大，发达地区通常比欠发达地区拥有更多的公共设施和人才资源，因此，城市群内部公共设施布局不均衡、医疗卫生人员出现短缺，公共服务设施的供需矛盾突出。

各地水利、供电、供气与综合防灾设施系统待提升，韧性设施总体布局待完善，具体表现在十堰、襄阳高压输电联系不足，十堰山区、神农架林区燃气覆盖不足，十堰、神农架林区缺少救灾物资储备库及森林防火灾害救援基地；此外，在输水、输电线路等重大设施布局上不同规划之间存在出入，缺乏统筹。

同时，城市群目前缺乏应急保障设施顶层设计，在灾害或公共卫生等紧急情况下，应急设施的互联互通存在阻碍，且城市群中新型基础设施的建设水平低，缺少城市群级别的疫情监测系统，影响重大灾害信息的监测，使得城市群内部的灾时、灾后协作缺少技术支持。

9.2　韧性框架构建

9.2.1　城市群韧性空间框架

根据襄十随神城市群的发展条件与韧性问题，在"构筑流域安全底板"的基础上提出"加强全域空间协同化、促进支撑体系网络化、推进襄阳都市圈一体化、推动三大组群合作化"的不同层次空间发展策略和建议。

1. 构筑流域安全底板

城市群的发展需要注重流域治理和协同治理，从生态系统整体性和流域系统性出发，通过流域的协同治理实现区域环境整体可持续发展（杨爱平，2007）。襄十随神城市群生态本底较好，生态功能地位高，城市群应注重区域内山水格局与各类重要生态要素的保护。以落实国家和省级生态保护要求为根本，以生态系统功能提升为出发点，以生态基底为约束，保障重要生态功能区绿色屏障。推进流域协同保护治理，统筹协调上下游、左右岸、干支流关系，平衡流域的开发利用、水资源节约集约利用、水旱灾害防御之间的关系，以区域性重大工程为抓手，完善流域水资源调度体系，以应对气候变化的不确定性、人类活动快速变化和水生态系统的复杂性（陈进，2018）。

2. 加强全域空间协同化

将襄阳中心城市作为区域发展的核心引擎，立足全要素、全产业链、全地域的大格局，增强对周边区域发展的辐射带动作用，推动城市群空间建设与重大设施的布局优化。空间布局上，坚持极点带动、轴带支撑、辐射周边。构建结构科学、集约高效的襄十随神城市群发展格局，推动大中小城市合理分工、功能互补，进一步提高区域发展协调性，促进城乡融合发展。

3. 促进支撑体系网络化

支撑体系的网络化可以推动城市群内部和城市群之间的协调发展，实现可持续、高效、韧性的城市群发展。支撑体系包括基础设施、产业、教育、医疗、文体、商业、市政等多个方面（Kiminami et al.，2006），网络化的建设和运营，可实现城市群内部和城市群之间资源的共享、优化和协同，从而提高城市群整体的综合竞争力和应对风险的能力。城市群的规划建设中需要注重空间布局的优化和创新，促进城市群内部城市间的协作和互补，打造区域协同发展的支撑体系。

4. 推进襄阳都市圈一体化

襄阳市作为襄十随神城市群的核心城市，强化襄阳都市圈的核心辐射作用，包括引导襄阳都市圈建设，发挥核心区带动引领作用，优化都市圈格局，构建一体化交通网络，逐步营造高质量城镇发展格局与现代化产业体系，进而构建高效集约的国土空间开发体系。

5. 推动三大组群合作化

进一步加强城市群三大城镇组群的联动发展。强化组群内外交通设施联系，构建内通外达、对接区域的交通廊道；推进产业协同合作，构建分工明确、特色突出的产业体系；合力共建高品质的组群空间，加强秦巴山区与汉江干支流地区等重点区域的生态环境共治共保。

9.2.2　城市群韧性重点领域

通过在生态、经济、社会和设施四个重点领域的韧性提升，可以促进城市群的可持续发展和应对各种挑战的能力，实现经济繁荣、社会和谐、生态友好的城市群发展目标。

1. 城市群生态韧性

生态韧性是城市群韧性规划建设的基础前提。以生态修复、保护环境为主，提高生态系统韧性。具体而言，参考国内先进城市群案例，如珠三角城市群完善提升生态景观林带和绿道网，建设区域性生态廊道，构建水源涵养区、水生态修复区等生态系统，增加绿地、湿地、森林覆盖率，同时推进城市园林绿化，减少城市生态环境破坏等措施。

襄十随神城市群的生态韧性建设可聚焦以下方面：对于生态空间，加强流域性生态空间的安全底线控制，同时重点推动生态系统的整体保护与系统性修复；对于生产空间，重点推动重污染产业的废弃物减排，以及发展复合绿色发展的低污染企业与高新产业；对于城镇空间，重点打造城景融合的城市生态系统，推行低碳化生活方式。以实现襄十随神城市群生态空间山清水秀、生产空间集约高效、生活空间宜居舒适为目标，把城市群和都市圈建成生态环境高水平保护和经济社会高质量发展的重点区和典范区。

2. 城市群经济韧性

经济韧性是城市群韧性规划建设的核心支撑（徐圆 等，2019）。韧性规划建设应从经济角度出发，通过促进优势产业转型与升级，打造跨区域合作的特色产业集群，加强城市之间产业网络合作，发展战略性新兴产业，提升城市群整体的区域竞争力，实现城市群的经济可持续发展（林樱子 等，2022；张振 等，2021）。同时，也需要构建灵活、高效、可靠的交通运输网络和信息网络，提高城市群的供应链和价值链水平（黄言 等，2020）。国内现有城市群具有较多值得参考借鉴的经验，如厦漳泉城市群打造厦泉科技创新走廊，统筹布局国家自主创新示范区与自贸试验区等区域创新发展合作平台，同时进行资源整合，形成优势互补的港口、航运、物流服务体系。长株潭城市群共创科创走廊，以走廊串联节点的产业创新网络，打造绿色发展一体化示范区，梳理多条协同发展的产业链，形成多元化的分工协作，此外，推动高等院校、科研院所与企业联合打造产学研创新联盟，建设高端人才集聚区。

襄十随神城市群的经济韧性建设可聚焦以下方面：培育壮大战略性新兴产业，依托襄阳中心城市的科研资源优势和高新技术产业基础，联合打造一批产业链条完善、辐射带动力强、具有国际竞争力的战略性新兴产业集群；加快发展现代服务业，有序推进交易市场互联互通，构建现代服务业体系，提高经济发展水平；建设高速公路、铁路、航空等交通网络，实现城市群内部和城市群之间的便捷交通，提高区域经济的整体竞争力；加强产业间的协同发展，促进产业链、供应链和价值链的畅通。

3. 城市群社会韧性

社会韧性是城市群韧性规划建设的重要保障（赵瑞东 等，2020）。韧性规划建设应注重社会稳定和人民生活水平的提高，可以通过提升社会与就业环境，建设更加公平、公正的社会制度，提高居民生活和就业质量，保障基本民生需求，加强城市安全体系建设等措施，增强城市群的社会韧性（韩林飞 等，2020）。同时，适灾韧性的城市群建设离不开制度层面的顶层设计，面对防灾基础设施不足、生命线系统不完善、应急资源缺乏的现实，更要创新管理思路，提升城市治理水平与跨区域协调水平，建立健全适配城市群韧性发展的横向和纵向管理机制（韩林飞 等，2020；赵金龙 等，2019）。

襄十随神城市群的社会韧性建设可聚焦以下方面：提供良好的教育、医疗、住房等公共服务，减少社会不平等，增强城市群内部的社会凝聚力；完善区域公共服务体系，建设公共综合服务平台；推动教育合作发展，建设人才高地；密切医疗卫生合作，塑造健康襄十随神城市群；建立完善的常态化危机管理机制和应急响应体系，包括灾害防范、危机预警、救援和恢复等方面，加快灾害发生时各类设施的应急反应速度和多情景模拟，减少灾害给城市环境带来的各种损失。

4．城市群设施韧性

设施韧性是城市群韧性规划建设的空间抓手。基础设施作为城市最主要的人工环境，是保障城市功能正常运行的重要系统结构（李亚 等，2017），韧性规划建设应注重基础设施建设，尤其是城市防灾应急设施，提高城市群的城市设施服务水平。通过构建更加完备、高效、绿色、智慧的城市设施体系，提高城市群的运营效率和稳定性（徐雪松 等，2023；韩林飞 等，2020）。对标沿海地区城市群，如环杭州湾城市群，高标准推进城市教育、健康、养老、文化设施建设，优化医疗卫生资源布局，构建立体化医疗卫生健康服务网络体系（辛怡 等，2015），此外，促进全域公共服务资源共享，提升全区教育智治水平等。

襄十随神城市群的设施韧性建设可聚焦以下方面：首先考虑城市群的公共服务设施管理与布局在各城市中的适灾韧性，通过控制服务半径的方式来提高其韧性，并使之联结成一个整体，实现跨行政区的服务网络；其次大型公共服务设施的布局应考虑在城市群中均衡配置，避免人群的大规模流动，考虑突发公共卫生事件发生后的韧性应对方式（武文霞 等，2017）；普及新型基础设施，覆盖城乡各个地区尤其是边远地区和贫困地区，减少地区之间的差距，提升社会的公平性和包容性；推动新型基础设施的智能化和可持续发展，例如智慧交通系统、智能电网、可再生能源等。

9.3　韧性规划策略

9.3.1　共筑流域水安全底线，严守水环境安全底线

1．以流域为主体推进生态保护

考虑国家水资源分区、上中下游分段、国家重大水利工程、重大区域战略行政区划等多方面因素，细分二级流域片区，将整个流域划分为不同的治理单元，以便更好地实施流域综合管理和生态保护。强化各个流域片区的生态系统保护，推进上下游、干支流、左右岸协同治理，因地制宜恢复水系自然连通，恢复流域自然水文循环。从源头治污改善河湖水环境，强化流域统筹保障防洪排涝安全，统筹水安全设施、农业灌溉水利建设、城镇和产业布局。

2．保障流域河湖防洪安全

加强汉江流域排水防涝工程体系建设，提高汉江干流整体防洪能力，提升湖区防洪调蓄能力，汉江中下游总体防御达到 1935 年实际洪水（约 100 年一遇）水平，提档升级府澴河、堵河、唐白河等堤防新建、加高加固。汉江、府澴河等其他河段及中小河流防

洪标准达到 10～50 年一遇；重要湖泊防洪标准达到 20～100 年一遇，重点易涝区排涝标准达到 10～20 年一遇；加强江汉平原江河洪水灾害防御能力，以及鄂西地质灾害及山洪防治的综合水平，保障标准内洪水下流域河湖防洪安全。

3. 加强环境治理与灾害防治

对堵河、南河、蛮河、滚河、唐白河、涓水等河道进行有序整治、河道疏浚和清淤，恢复河道的通畅和水力特性，减少洪水风险，防止水患发生；加强护岸护坡、修复和加固岸线等修理措施，提高河道的抗洪能力和安全性；提档升级汉江干流与府澴河、堵河、唐白河等支流堤防，新建、加高加固堤防。

加强地质灾害区防治，划定地质灾害易发区、禁止开发区和限制开发区，限制或规范建设在地质灾害敏感区的重要基础设施和居民区，协同推进郧阳区、十堰市、竹山县、竹溪县、山农家、房县、南漳县、保康县等地质灾害易发区的地质灾害工程治理和避险搬迁，建立完善的地质灾害监测与预警系统。

划定武当山、神农架山、桐柏山、大别山等山洪灾害防治重点区，实现灾害防治区内重大工程、居民聚集区及重大隐患点综合治理基本全覆盖；在易发生山洪的地区，修建山洪沟，引导和控制山洪的流向，减缓洪水流速，降低洪水威力；制订和实施山洪灾害应急预案，明确应急避险的逃生路线和安全点。

4. 确保河湖水质优良

维护地区水功能，确保河湖水质优良率，保障饮用水水源地安全。重点维护丹江口库区，确保丹江口库区水质长期保持在 II 类或以上，提升小清河、唐白河、滚河、蛮河、南河等汉江支流水质。

落实汉江源头丹江口库区、郧阳水源涵养功能区、汉江中游水源涵养功能区、桐柏山水源涵养功能区的建设。在水源涵养功能区内加强土地利用管理，限制或禁止开发和破坏性活动，防止土地退化和水土流失，保持土壤的保水能力。加强对水源涵养功能区的监管，防止非法采水、污染和破坏行为，确保水源的可持续利用。

重点维护丹江口库区国家湿地公园。加强对湿地的保护和恢复工作，保护湿地的生态系统完整性和稳定性。采取措施保护湿地植被、水生生物和候鸟等生物多样性，防止湿地退化和污染，建设成为全省乃至全国典型生态系统、珍稀濒危生物基因保护繁衍基地。

5. 共保重要生态屏障

加强城市群生态联保共治，共建跨区域的环境保护机制，加强汉江水土保持带建设。积极营造汉江防护林和农田防护林，推进汉江水土保持带、鄂北防护林体系建设，加强水土流失治理与湿地保护与恢复，保护水生态系统完整性。实施汉江上中游差异化综合治理，重点提升水生态环境、洪水调蓄、生物多样性维护及岸线功能，提高地区中部水土保持、防风固沙能力。加强丹江口水库及沿库区生态治理保护，保障南水北调水源地的水质安全。

统筹推进秦巴山区及桐柏山—大别山区的生态修复工作，秦巴山区作为国家生物多样性保护区与长江中游重要生态屏障，南水北调中线工程水源区、濒危珍稀动植物保护示范区，进一步提升生物多样性与水土保持能力，建成全国生态文明建设示范区。桐柏山—大别山生态屏障作为国家重要的土壤侵蚀防治生态功能区，建设土壤侵蚀防治主体示范区。

9.3.2　强化产业分工协作，提升交通开放互联水平

1. 深化汽车产业空间协同布局

打造具有国际竞争力的"汉孝随襄十"万亿级汽车走廊，将随州作为重要连接支点，东联武汉、孝感，西接襄阳、十堰，加快建成全国重要的汽车及零部件产业基地。支持建设十堰商用车基地、襄阳乘用车和新能源汽车基地、随州专用车基地。

进一步巩固提升汽车及零部件产业主导地位。以商用车、乘用车、专用车为重点，以新能源汽车、智能网联汽车为方向，推动汽车产业智能化、网联化、电动化、共享化。努力攻克动力传动、汽车电子元器件、新能源汽车"三电"（电池、电驱、电控）等关键核心部件技术，巩固壮大城市群汽车产业链和供应链，提升汽车及零部件产业在全国乃至全球的配套能力。依托科研机构，以人才共享、产业互助和成果互补，共同组建襄十随神城市群汽车产业技术创新战略联盟，促进全方位协同发展，共同打造全省乃至中部地区最大的专用汽车产业基地。

2. 加快区域重要交通廊道联通

落实建设汉十走廊、襄荆走廊，打通郑渝走廊，强化城市群对外联系，同时弥补西南山区交通联系。积极谋划合襄高铁，与西武高铁共同打造直连华东方向的快速通道，同时在沿线高铁站预留接线条件，与西武高铁建设同步协调；打通"郑渝走廊""呼南（襄阳—荆门—宜昌段）""随州—荆门"三条高铁联络线，强化区域对外高速铁路联系。规划"随州—孝感—武汉""信阳—广水—孝感"城际铁路，向东对接武汉城市圈，实现城际铁路衔接武汉。着力打造襄阳市、十堰市、随州市为全国性与区域性的骨干型综合交通枢纽，提升对外交通枢纽能力。

增密高速公路网络。在现状高速公路基础上，填补交通空白区域，提高交通网络的覆盖率和连通性，新增郧西—巫山高速、河口—谷城—南漳高速、新野—襄阳—宜昌高速、信阳—随州—荆门—宜昌高速、随州—荆门高速、襄阳—信阳高速公路，强化南北向、东西向的快速交通联系，打造襄十随神城市群"三横八纵"高速公路网络。

疏通重要的跨界道路，并开展品质提升改造。打通神农架临界地区断头路，其中新增临界国省道衔接段 5 处，均为二级公路，主要集中于十堰与神农架跨界处的 G209、S282、S283、S284、S448；规划打通与完善国省道衔接段，突破神农架对外交通瓶颈。同时提档升级跨界道路 9 处，主要涉及襄阳与十堰跨界的一级公路 G316、G346、G234、

S302 和二级公路 S316、S440、S335、S307 等。

9.3.3　完善公共服务配置，推进新型基础设施普及

1. 打造区域医疗卫生格局

建议襄阳市依托省级应急救援基地，建设城市群医疗卫生防疫基地，包含综合救援中心、物资储备中心、培训演练中心、医疗培训中心、技术研发中心等；神农架林区红坪镇设置航空消防救援基地；推进随州国家应急产业示范基地建设，同时建设十堰和随州两大应急物资储备库，沿江区域设置城市防汛物资储备中心，完善省市县三级救灾物资储备体系，具体新增区县级储备库 9 个。整合城市群内的医疗资源，包括医疗设施、医疗人员和医疗技术，优化资源配置，实现医疗资源的合理流动和共享。推广远程医疗技术，建设远程医疗网络，通过视频会诊、远程医学影像等方式，实现医疗资源的远程共享和远程诊疗，提高医疗服务的覆盖范围和效率。

2. 加快新型基础设施配置

新型基础设施配置旨在增强城市群基础网络通信能力，建立智慧交通新枢纽，打造大数据中心集群，推动数字化经济和信息社会的发展。落实省级规划，建设襄阳的省级数据中心园区和数据中心机房；沿重要交通干道布设 5G 基站，为新型车联网模型构建基础；以襄阳东津片区为重点，打造城市群汉江云计算中心；重点建设 5G 应用材料产业园，推动 5G 产业聚集，打造数字经济发展新引擎；规划以十堰港、武当山机场、红坪机场、襄阳港、刘集机场、随州机场为智慧网联交通试点，提供 5G 人工智能服务。

9.3.4　共建共享韧性网络，完善区域应急体系建设

1. 完善重大电力设施空间布局

考虑省级国土空间规划意图、城市电力设施容量，优化城市群高等级电力网络。新增重大输电线路，在随州变电站与樊城变电站间新增 500 kV 输电线路；同时落实省级规划，以 500 kV 输电线串联十堰、襄阳、随州三市。协调重大变电设施建设与线路连接问题，在十堰、谷城、襄阳新建 4 座 500 kV 变电站，协调十堰与襄阳 500 kV 输电线连接问题，以及南阳至荆门特高压线。

2. 保障天然气管网建设空间

建议构建以国家天然气主干管道为主的供气系统，在现状以西气东输二线及忠武线为主的天然气双线供应格局基础上，建设西气东输三线、新粤浙管道二条天然气长输管线；搭建十堰门站至汉水门站、十堰门站至竹山门站管线；构建西气东输三线与随州规划天然门站的联系；新建松柏门站、木鱼门站；加强十堰至房县燃气管廊，依靠现有西

气东输二线枣十支线为神农架提供燃气，同时加强神农架至保康的燃气供给联系，加强城市群燃气支线网络联通。

3. 共建区域蓝绿网络

依托城市群本底资源优势，共建"蓝绿交织"的全域绿道网络，形成环丹江口库区绿道—沿汉江区域性绿道——一般性沿江绿道，以此串联沿线国家湿地公园、森林公园等空间节点。其中，环丹江口库区绿道范围主要环绕丹江口库区，串联周边的沧浪山森林自然公园、太极峡地质公园、丹江口库区湿地公园等；沿汉江区域性绿道以城市群内汉江流域为底，周边串联梨花湖湿地公园、汉江湿地公园等；一般性沿江绿道包括北河、南河、蛮河、小清河、府澴河等，串联万洋洲国家湿地公园、崔家营湿地公园、武当山国家地质公园、龙门河国家森林公园等。保护现有的绿地资源，包括森林、湿地、河流、湖泊等，恢复受破坏的生态系统，确保绿道路径上的生态环境质量。改造现有的道路、河岸、铁路等线性空间，将其转化为绿道，提供步行、骑行和休闲的空间。

9.3.5 健全联防联控机制，保障区域共同应对风险

1. 完善环境联合共治机制

加强跨界水污染联防联治。探索构建水污染联防联控考核机制，强化跨界水质断面和重点断面考核管理。按照谁开发谁保护、谁受益谁补偿的原则，在森林、湿地、流域水资源和矿产资源等领域，探索多样化的生态补偿方式，完善跨区域的生态补偿机制。

建立跨区域河湖长协同联动机制，对管理范围尚不明确的河段，依托河长制工作进行划界确权；加强河湖林长制区域合作，以流域为单位开展汉江河库水污染防治，深入推进河库"清四乱"常态化规范化，严格执行汉江流域生态环境质量、风险管控和污染物排放等标准；对流经县城、集镇等重点河段进行岸线整治，提升防洪标准。根据生态流量管控指标，调控城市群内生活用水与产业用水的供水平衡，加强流域生态用水保障。

推行林长制，落实林地分级分区管理，按照"分级负责"原则，各级林长负责督促指导本责任区内森林资源保护发展工作。严格森林草原资源保护管理，严守生态保护红线。加强重点生态功能区和生态环境敏感脆弱区域的森林草原资源保护，加强森林草原资源生态修复，禁止毁林毁草开垦。加强公益林管护，统筹推进天然林保护，积极开展森林城市群建设。

2. 完善跨区域生态补偿机制

加快完善中央财政对地方生态保护"自上而下"式的纵向生态补偿机制。完善汉江流域、丹江口水库等区域的横向生态补偿机制，合理确定生态补偿标准，把政策补偿、资金补偿、实物补偿、对口协作、产业转移、共建园区等多方面措施有机结合，推动生态受益区向生态保护区进行合理补偿，最终形成纵横联动、共同发力的生态补偿体系（王

喆 等，2015）。通过设立生态补偿专项资金、生态考核制度、构筑异地发展的政策平台以及实施财政和税收分类管理等措施，推进落实生态补偿制度（杨妍 等，2009）。

创新多元化生态补偿方式。探索产业化的经营方式开发跨区域生态产品，将生态产品价值转化为森林碳汇、碳排放权、排污权交易、水权交易、生态产品服务可以直接进行市场交易的商品；制订生态保护协议，要求城市群内的企业和发展项目在进行生态破坏之前签订协议，并承诺进行相应的生态补偿措施，协议中可以包括生态修复、生态保护和生态投资等内容；环境税收减免，为积极参与生态补偿的企业和个人提供环境税收减免的政策激励，鼓励他们采取环保措施并主动进行生态补偿；生态产业发展，推动城市群内的生态产业发展，将生态保护与经济发展相结合。

3. 共同应对卫生突发事件

建立城市群卫生应急指挥体系，加强不同城市之间的协调与合作，共享信息和资源，形成统一的指挥调度机制（王兴鹏 等，2016；赵林度，2009）。加快建设互联互通的重大突发事件信息监测系统和决策指挥平台，建立突发事件信息通报、协调联动机制、培训演练机制，共建区域应急一体化体系，完善重大疫情、突发公共卫生事件联防联控机制。优化城市群内医疗资源配置，加强各级医疗机构之间的合作与支持，确保医疗救治设施、人员和物资的充足供应。协调城市群内各级政府和相关部门，加强公共服务保障，如物资供应、交通运输、环境卫生等，确保公众基本生活需求得到满足。

参 考 文 献

白帅, 2023. 中原城市群城市韧性与城市土地利用效率耦合协调性研究. 西安: 长安大学.

毕玮, 汤育春, 冒婷婷, 等, 2021. 城市基础设施系统韧性管理综述. 中国安全科学学报, 31(6): 14-28.

别朝红, 林雁翎, 邱爱慈, 2015. 弹性电网及其恢复力的基本概念与研究展望. 电力系统自动化, 39(22): 1-9.

蔡冰冰, 赵威, 杨慧, 等, 2019. 中部地区外向型经济发展水平时空格局及影响因素. 长江流域资源与环境, 28(2): 293-305.

蔡宁, 吴结兵, 殷鸣, 2006. 产业集群复杂网络的结构与功能分析. 经济地理, 26(3): 378-382.

蔡鑫羽, 2022. 城市韧性多阶段评估方法及提升策略研究. 杭州: 浙江大学.

曹逢羽, 2023. 碳达峰目标下京津冀城市经济韧性仿真及提升策略研究. 北京: 北京建筑大学.

曹强, 杨修琦, 田思雨, 2021. 中国金融韧性、叠加效应及其与经济周期的交互分析. 财经科学(6): 12-25.

常新锋, 管鑫, 2020. 新型城镇化进程中长三角城市群生态效率的时空演变及影响因素. 经济地理, 40(3): 185-195.

陈碧琳, 李颖龙, 2023. 洪涝韧性导向下高密度沿海城市适应性转型规划评估: 以深圳红树湾片区为例. 城市规划学刊(4): 77-86.

陈丹羽, 2019. 基于压力-状态-响应模型的城市韧性评估: 以湖北省黄石市为例. 武汉: 华中科技大学.

陈浩然, 彭翀, 林樱子, 2023. 应对突发公共卫生事件的社区韧性评估与差异化提升策略: 基于武汉市 4 个新旧社区的考察. 上海城市规划(1): 25-32.

陈进, 2018. 长江流域水资源调控与水库群调度. 水利学报, 49(1): 2-8.

陈梦远, 2017. 国际区域经济韧性研究进展: 基于演化论的理论分析框架介绍. 地理科学进展, 36(11): 1435-1444.

陈明星, 陆大道, 张华, 2009. 中国城市化水平的综合测度及其动力因子分析. 地理学报, 64(4): 387-398.

陈世栋, 袁奇峰, 2017. 都市生态圈层结构及韧性演进: 理论框架与广州实证. 规划师, 33(8): 25-30.

陈伟, 修春亮, 柯文前, 等, 2015. 多元交通流视角下的中国城市网络层级特征. 地理研究, 34(11): 2073-2083.

陈伟劲, 马学广, 蔡莉丽, 等, 2013. 珠三角城市联系的空间格局特征研究: 基于城际客运交通流的分析. 经济地理, 33(4): 48-55.

陈小卉, 钟睿, 2017. 跨界协调规划: 区域治理的新探索: 基于江苏的实证. 城市规划, 41(9): 24-29, 57.

《城市规划学刊》编辑部, 2018. 《河北雄安新区规划纲要》的新理念、新技术、新方法学术笔谈. 城市规划学刊(3): 1-18.

程利莎, 王士君, 杨冉, 2017. 基于交通与信息流的哈长城市群空间网络结构, 37(5): 74-80.

迟阔, 2021. 基于节点间吸引力的动态社会网络社区演化和链接预测的研究. 哈尔滨: 哈尔滨工程大学.

丛晓男, 2019. 耦合度模型的形式、性质及在地理学中的若干误用. 经济地理, 39(4): 18-25.

崔大树, 李鹏举, 2017. 长三角城市群层级性及空间组织模式构建. 区域经济评论(4): 89-98.

崔翀, 杨敏行, 2017. 韧性城市视角下的流域治理策略研究. 规划师, 33(8): 31-37.

戴嘉璐, 李瑞平, 李聪聪, 等, 2021. 盐渍化灌区玉米施氮量阈值 DNDC 模型模拟. 农业工程学报, 37(24): 131-140.

邓位, 2017. 化危机为机遇: 英国曼彻斯特韧性城市建设策略. 城市与减灾(4): 66-70.

狄乾斌, 孟雪, 2017. 基于非期望产出的城市发展效率时空差异探讨: 以中国东部沿海地区城市为例. 地理科学, 37(6): 807-816.

董琦, 甄峰, 2013. 基于物流企业网络的中国城市网络空间结构特征研究. 人文地理, 28(4): 71-76.

杜鹃, 2013. 城市化进程中绿色基础设施的弹性规划途径研究. 重庆: 西南大学.

杜青峰, 万碧玉, 姜栋, 等, 2022. 基于强降雨模拟仿真模型的韧性城市探究. 中国建设信息化(5): 72-73.

杜文瑄, 施益军, 徐丽华, 等, 2022. 风险扰动下的城市经济韧性多维测度与分析: 以长三角地区为例. 地理科学进展, 41(6): 956-971.

杜志威, 金利霞, 刘秋华, 2019. 产业多样化、创新与经济韧性: 基于后危机时期珠三角的实证. 热带地理, 39(2): 170-179.

范峻恺, 徐建刚, 2020. 基于神经网络综合建模的区域城市群发展脆弱性评价: 以滇中城市群为例. 自然资源学报, 35(12): 2875-2887.

方创琳, 2021. 新发展格局下的中国城市群与都市圈建设. 经济地理, 41(4): 1-7.

方创琳, 关兴良, 2011. 中国城市群投入产出效率的综合测度与空间分异. 地理学报, 66(8): 1011-1022.

方创琳, 祁巍锋, 宋吉涛, 2008. 中国城市群紧凑度的综合测度分析. 地理学报(10): 1011-1021.

方创琳, 乔标, 2005. 水资源约束下西北干旱区城市经济发展与城市化阈值. 生态学报(9): 2413-2422.

方修琦, 殷培红, 2007. 弹性、脆弱性和适应: IHDP 三个核心概念综述. 地理科学进展, 26(5): 11-22.

冯潇雅, 李惠民, 杨秀, 2016. 城市适应气候变化行动的国际经验与启示. 生态经济, 32(11): 120-124, 135.

冯一凡, 冯君明, 李翅, 2023. 生态韧性视角下绿色空间时空演变及优化研究进展. 生态学报, 43(14): 5648-5661.

冯苑, 聂长飞, 张东, 2020. 中国城市群经济韧性的测度与分析: 基于经济韧性的 shift-share 分解. 上海经济研究, 32(5): 60-72.

付丽娜, 陈晓红, 冷智花, 2013. 基于超效率DEA模型的城市群生态效率研究: 以长株潭"3+5"城市群为例. 中国人口·资源与环境, 23(4): 169-175.

付瑞平, 2020. 以应急规划为引领推进应急管理体系和能力现代化: "十四五"应急规划编制工作研讨会综述. 中国应急管理(9): 14-19.

傅永超, 徐晓林, 2007. 府际管理理论与长株潭城市群政府合作机制. 公共管理学报(2): 24-29, 122.

葛治存, 李荣国, 路宏伟, 2014. 基于大数据的城市物流资源共享平台构建思考. 商业时代(28): 15-16.

耿爱英, 2008. 社会支持在灾后心理危机干预中的作用. 山东大学学报(哲学社会科学版)(6): 44-49.

宫清华, 张虹鸥, 叶玉瑶, 等, 2020. 人地系统耦合框架下国土空间生态修复规划策略: 以粤港澳大湾区为例. 地理研究, 39(9): 2176-2188.

顾朝林, 2011. 城市群研究进展与展望. 地理研究, 30(5): 771-784.

郭将, 许泽庆, 2019. 产业相关多样性对区域经济韧性的影响: 地区创新水平的门槛效应. 科技进步与对策, 36(13): 39-47.

郭祖源, 2018. 城市韧性综合评估及优化策略研究. 武汉: 华中科技大学.

韩瑾, 2019. 环杭州湾大湾区中心城市产业协同发展评价. 经济论坛(9): 82-90.

韩林飞, 肖春瑶, 2020. 突发公共卫生事件下适灾韧性的城市群协同防灾规划研究. 城乡规划(6): 72-82.

韩珊, 2023. 城市韧性化发展效率及影响因素研究: 以成渝地区双城经济圈为例. 绵阳: 西南科技大学.

韩雪原, 赵庆楠, 路林, 等, 2019. 多维融合导向的韧性提升策略: 以北京城市副中心综合防灾规划为例. 城市发展研究, 26(8): 78-83.

韩玉刚, 焦华富, 李俊峰, 2010. 基于城市能级提升的安徽江淮城市群空间结构优化研究. 经济地理, 30(7): 1101-1106, 1132.

郝媛, 孙立军, 徐天东, 等, 2008. 城市快速路交通拥挤分析及拥挤阈值的确定. 同济大学学报(自然科学版), 36(5): 609-614, 630.

何继新, 夏五洲, 孟依浩, 2023. "双碳"目标下中国区域绿色经济效率与经济韧性的耦合性研究. 上海节能(11): 1590-1604.

何兰萍, 曹慧媛, 2023. 韧性思维嵌入治理现代化的政策演进及结构层次. 江苏社会科学(1): 132-141.

何新安, 熊启泉, 2009. 1992—2005 年广东农业纯技术效率与规模效率实证研究. 华南农业大学学报(社会科学版), 8(1): 40-46.

贺山峰, 梁爽, 吴绍洪, 等, 2022. 长三角地区城市洪涝灾害韧性时空演变及其关联性分析. 长江流域资源与环境, 31(9): 1988-1999.

洪佳, 2020. 数字经济对珠三角制造业升级的影响研究. 广州: 广东外语外贸大学.

侯兰功, 孙继平, 2022. 复杂网络视角下的成渝城市群网络结构韧性演变. 世界地理研究, 31(3): 561-571.

胡定军, 2013. 基于 DEA 模型的区域自然灾害脆弱性评价研究. 成都: 西南财经大学.

黄传超, 胡斌, 2014. 基于复杂网络的企业关系网络的弹性研究, 22(S1): 686-690.

黄建中, 马煜箫, 刘晟, 2020. 城市规划中的风险管理与应对思考. 规划师, 36(6): 33-35, 39.

黄言, 宗会明, 杜瑜, 等. 2020. 交通网络建设与成渝城市群一体化发展: 基于交通设施网络和需求网络的分析. 长江流域资源与环境, 29(10): 2156-2166.

姬兆亮, 戴永翔, 胡伟, 2013. 政府协同治理: 中国区域协调发展协同治理的实现路径. 西北大学学报(哲学社会科学版), 43(2): 122-126.

纪薇, 2023. 黄河沿线主要地级市农业水资源系统韧性与效率评估研究. 兰州: 兰州大学.

季小妹, 聂智磊, 朱运海, 等, 2023. 城市韧性与城市网络关联性理论研究进展及展望. 中国名城, 37(1): 23-31.

焦敬娟, 王姣娥, 2014. 海航航空网络空间复杂性及演化研究, 33(5): 926-936.

焦利民, 李泽慧, 许刚, 等, 2017. 武汉市城市空间集聚要素的分布特征与模式. 地理学报, 72(8): 1432-1443.

焦柳丹, 王驴文, 张羽, 等, 2024. 基于多木桶模型的长三角城市群韧性水平评估研究. 世界地理研究, 33(1): 96-106.

金贵, 邓祥征, 赵晓东, 等, 2018. 2005—2014 年长江经济带城市土地利用效率时空格局特征. 地理学报, 73(7): 1242-1252.

金磊, 2017. 韧性京津冀: 大城市群综合减灾建设新策. 城市与减灾(4): 56-60.

金太军, 唐玉青, 2011. 区域生态府际合作治理困境及其消解. 南京师大学报(社会科学版)(5):17-22.

金瑛, 修春亮, 2022. 寒区城市的生态韧性及规划策略. 上海城市规划(6): 24-31.

科尔曼, 2008. 社会理论的基础(下). 邓方, 译. 北京: 社会科学文献出版社.

孔德平, 2023. 基于 BIM+GIS+IoT 的山区公路一体化建设与养护管理研究. 重庆: 重庆交通大学.

赖建波, 朱军, 郭煜坤, 等, 2023. 中原城市群人口流动空间格局与网络结构韧性分析. 地理与地理信息科学, 39(2): 55-63.

雷勋平, Qiu R, 刘勇, 2016. 基于熵权 TOPSIS 模型的区域土地利用绩效评价及障碍因子诊断. 农业工程学报, 32(13): 243-253.

冷炳荣, 杨永春, 李英杰, 等, 2011. 中国城市经济网络结构空间特征及其复杂性分析. 地理学报, 66(2): 199-211.

李翅, 马鑫雨, 夏晴, 2020. 国内外韧性城市的研究对黄河滩区空间规划的启示. 城市发展研究, 27(2): 54-61.

李嘉艺, 孙瑜, 郑曦, 2021. 基于适应性循环理论的区域生态风险时空演变评估: 以长江三角洲城市群为例. 生态学报, 41(7): 2609-2621.

李姣, 2018. 连云港港口公共基础设施的维护管理研究. 大连: 大连海事大学.

李连刚, 张平宇, 谭俊涛, 等, 2019. 韧性概念演变与区域经济韧性研究进展. 人文地理, 34(2): 1-7, 151.

李玲, 2012. 中国工业绿色全要素生产率及影响因素研究. 广州: 暨南大学.

李敏, 2014. 协同治理: 城市跨域危机治理的新模式: 以长三角为例. 当代世界与社会主义(4): 117-124.

李倩, 张圣忠, 2013. 供应链违约风险传染机理与建模思路. 物流技术, 32(15): 212-214, 226.

李世杰, 2023. 我国省会城市基础设施投资效率与城市韧性协调发展研究. 北京: 北京建筑大学.

李伟权, 曹嘉婧, 2020. 危机学习效果影响因素研究: 以四川木里县森林火灾的灾后学习为例. 贵州社会科学(10): 70-78.

李仙德, 2014. 基于上市公司网络的长三角城市网络空间结构研究. 地理科学进展, 33(12): 1587-1600.

李亚, 翟国方, 2017. 我国城市灾害韧性评估及其提升策略研究. 规划师, 33(8): 5-11.

李亚, 翟国方, 顾福妹, 2016. 城市基础设施韧性的定量评估方法研究综述. 城市发展研究, 23(6): 113-122.

李阳力, 2021. 水生态韧性评价与规划研究: 以天津市为例. 天津: 天津大学.

李志刚, 2007. 基于网络结构的产业集群创新机制和创新绩效研究. 合肥: 中国科学技术大学.

梁宏飞, 2017. 日本韧性社区营造经验及启示: 以神户六甲道车站北地区灾后重建为例. 规划师, 33(8): 38-43.

梁林, 赵玉帛, 刘兵, 2020. 国家级新区创新生态系统韧性监测与预警研究. 中国软科学(7): 92-111.

林良嗣, 铃木康弘, 2016. 城市弹性与地域重建: 从传统知识和大数据两个方面探索国土设计. 陆化普, 陆洋, 译. 北京: 清华大学出版社.

林樱子, 2017. 城市网络结构韧性评估及其优化策略研究. 武汉: 华中科技大学.

林樱子, 彭翀, 沈体雁, 2022. 风险常态化背景下现代化都市圈韧性网络构建路径研究. 城市问题: 36-41, 103.

刘炳胜, 王敏, 李灵, 等, 2019. 中国建筑产业链两阶段综合效率、纯技术效率、规模效率及其影响因素. 运筹与管理, 28(2): 174-183.

刘采云, 2022. 基于新冠疫情防控过程的社区韧性研究: 以武汉市 Q 社区为例. 武汉: 华中科技大学.

刘春富, 2012. 区域医疗信息共享与分级诊疗结合模式研究. 观察与思考(8): 76-77.

刘二佳, 张晓萍, 张建军, 等, 2013. 1956—2005 年窟野河径流变化及人类活动对径流的影响分析. 自然资源学报, 28(7): 1159-1168.

刘慧, 张楠, 姜秀娟, 2021. 长江中游城市群空间关联网络结构判断与层级划分. 统计与决策, 37(1): 97-101.

刘堃, 李贵才, 尹小玲, 等, 2012. 走向多维弹性: 深圳市弹性规划演进脉络研究. 城市规划学刊(1): 63-70.

刘跃, 卜曲, 彭春香, 2016. 中国区域技术创新能力与经济增长质量的关系. 地域研究与开发, 35(3): 1-4, 39.

刘正兵, 刘静玉, 何孝沛, 等, 2014. 中原经济区城市空间联系及其网络格局分析: 基于城际客运流, 34(7): 58-66.

鲁钰雯, 翟国方, 施益军, 等, 2020. 荷兰空间规划中的韧性理念及其启示. 国际城市规划, 35(1): 102-110, 117.

路兰, 周宏伟, 许清清, 2020. 多维关联网络视角下城市韧性的综合评价应用研究. 城市问题(8): 42-55.

罗谷松, 李涛, 2019. 碳排放影响下的中国省域土地利用效率差异动态变化与影响因素. 生态学报, 39(13): 4751-4760.

罗小龙, 沈建法, 2007. 长江三角洲城市合作模式及其理论框架分析. 地理学报(2): 115-126.

罗艳, 2012. 基于 DEA 方法的指标选取和环境效率评价研究. 合肥: 中国科学技术大学.

罗震东, 何鹤鸣, 耿磊, 2011. 基于客运交通流的长江三角洲功能多中心结构研究. 城市规划学刊(2): 16-23.

罗紫元, 曾坚, 2022. 韧性城市规划设计的研究演进与展望. 现代城市研究(2): 51-59.

吕悦风, 项铭涛, 王梦婧, 等, 2021. 从安全防灾到韧性建设: 国土空间治理背景下韧性规划的探索与展望. 自然资源学报, 36(9): 2281-2293.

马丹娅, 梁玮男, 王骁然, 等, 2021. 城市应对重大灾害风险的社区韧性研究: 以北京市丰汇园社区为例. 城市建筑, 18(11): 13-16, 42.

马淇蔚, 2017. 基于绿色基础设施的城市空间增长设定路径及其杭州应用. 城市规划学刊(4): 104-112.

马书红, 武亚俊, 陈西芳, 2022. 城市群多模式交通网络结构韧性分析: 以关中平原城市群为例. 清华大学学报(自然科学版), 62(7): 1228-1235.

马雪菲, 2023. 东北三省城市空间韧性动态演变及响应机制研究. 哈尔滨: 哈尔滨师范大学.

孟祥芳, 汪波, 2014. 基于弹性相关因素分析的集群可持续发展研究. 科学学与科学技术管理, 35(8): 49-56.

孟晓静, 陈鑫, 陈佳静, 等, 2023. 组合赋权-TOPSIS 在洪涝灾害下城市区域韧性评估中的应用. 安全与环境学报, 23(5): 1465-1473.

苗婷婷, 单菁菁, 2023. 城市韧性的基本模式及本土化构建. 城市问题(5): 24-33.

苗长虹, 王海江, 2006. 河南省城市的经济联系方向与强度: 兼论中原城市群的形成与对外联系, 地理研究(2): 222-232.

缪惠全, 王乃玉, 汪英俊, 等, 2021. 基于灾后恢复过程解析的城市韧性评价体系. 自然灾害学报, 30(1): 10-27.

欧阳鹏, 刘希宇, 钟奕纯, 2020. 应对重大疫情事件的跨区域联防联控机制探讨. 规划师, 36(5): 61-66.

欧阳峣, 生延超, 2010. 多元技术、适应能力与后发大国区域经济协调发展: 基于大国综合优势与要素禀赋差异的理论视角. 经济评论(4): 23-33.

彭翀, 陈梦雨, 王强, 等, 2024. 长短周期下长江中游城市群经济韧性时空演变及影响因素研究. 长江流域资源与环境, 33(1): 14-26.

彭翀, 陈思宇, 王宝强, 2019. 中断模拟下城市群网络结构韧性研究: 以长江中游城市群客运网络为例. 经济地理, 39(8): 68-76.

彭翀, 李月雯, 王才强, 2020. 突发公共卫生事件下"多层级联动"的城市韧性提升策略. 现代城市研究(9): 40-46.

彭翀, 林樱子, 2015a. 长株潭网络城市内部关联的时空机制研究. 经济地理, 35(9): 72-78.

彭翀, 林樱子, 顾朝林, 2018. 长江中游城市网络结构韧性评估及其优化策略. 地理研究, 37(6): 1193-1207.

彭翀, 林樱子, 吴宇彤, 等, 2021. 基于"成本-能力-能效"的长江经济带城市韧性评估. 长江流域资源与环境, 30(8): 1795-1808.

彭翀, 袁敏航, 顾朝林, 等, 2015b. 区域弹性的理论与实践研究进展. 城市规划学刊(1): 84-92.

彭建, 王雪松, 2011. 国际大都市区最新综合交通规划远景、目标、对策比较研究. 城市规划学刊(5): 19-30.

彭荣熙, 刘涛, 曹广忠, 2021. 中国东部沿海地区城市经济韧性的空间差异及其产业结构解释. 地理研究, 40(6): 1732-1748.

彭震伟, 刘奇志, 王富海, 等, 2018. 面向未来的城乡规划学科建设与人才培养. 城市规划, 42(3): 80-86, 94.

钱文婧, 贺灿飞, 2011. 中国水资源利用效率区域差异及影响因素研究. 中国人口·资源与环境, 21(2): 54-60.

覃成林, 郑云峰, 张华, 2013. 我国区域经济协调发展的趋势及特征分析. 经济地理, 33(1): 9-14.

覃成林, 周姣, 2010. 城市群协调发展: 内涵、概念模型与实现路径. 城市发展研究, 17(12): 7-12.

全美艳, 陈易, 2019. 国外韧性城市评价体系方式简析. 住宅科技, 39(2): 1-6.

饶育萍, 林竞羽, 侯德亭, 2009. 基于最短路径数的网络抗毁评价方法, 30(4): 113-117.

任宇飞, 方创琳, 蔺雪芹, 2017. 中国东部沿海地区四大城市群生态效率评价. 地理学报, 72(11): 2047-2063.

任远, 2021. 后疫情时代的社会韧性建设. 南京社会科学(1): 49-56.

荣莉莉, 刘玙婷, 2019. 基于承灾体的区域灾害链风险评估模型. 系统工程学报, 34(1): 130-144.

芮国强, 2013. 苏州率先创建全国文明城市群的内涵、意义及可能. 东吴学术(1): 97-104.

单嘉帝, 田健, 曾坚, 2022. 应对极端气候灾害的韧性城市规划方法. 城市与减灾(5): 6-12.

邵亦文, 徐江, 2015. 城市韧性: 基于国际文献综述的概念解析. 国际城市规划, 30(2): 48-54.

师钰, 2020. 城市群区域韧性评价及优化策略研究. 焦作: 河南理工大学.

石龙宇, 郑巧雅, 杨萌, 等, 2022. 城市韧性概念、影响因素及其评估研究进展. 生态学报, 42(14): 6016-6029.

石敏俊, 孙艺文, 王琛, 等, 2022. 基于产业链空间网络的京津冀城市群功能协同分析. 地理研究, 41(12): 3143-3163.

石学刚, 罗荣, 2023. 长江中游城市群 31 市物流竞争力层级划分. 物流技术, 42(9): 20-23.

石宇, 2022. 京津冀城市群韧性资源网络结构特征与影响因素研究. 北京: 北京建筑大学.

宋建波, 武春友, 2010. 城市化与生态环境协调发展评价研究: 以长江三角洲城市群为例. 中国软科学(2): 78-87.

宋涛, 唐志鹏, 2016. 中国"出口世界工厂"的效率格局演变. 地理科学, 36(7): 973-979.

孙才志, 孟程程, 2020. 中国区域水资源系统韧性与效率的发展协调关系评价. 地理科学, 40(12): 2094-2104.

孙鸿鹄, 甄峰, 2019. 居民活动视角的城市雾霾灾害韧性评估: 以南京市主城区为例. 地理科学, 39(5): 788-796.

孙久文, 丁鸿君, 2012. 京津冀区域经济一体化进程研究. 经济与管理研究(7): 52-58.

孙久文, 孙翔宇, 2017. 区域经济韧性研究进展和在中国应用的探索. 经济地理, 37(10): 1-9.

锁利铭, 位韦, 廖臻, 2018. 区域协调发展战略下成渝城市群跨域合作的政策、机制与路径. 电子科技大学学报(社会科学版), 20(5): 90-96.

谭俊涛, 赵宏波, 刘文新, 等, 2020. 中国区域经济韧性特征与影响因素分析. 地理科学, 40(2): 173-181.

谭日辉, 郝佳洁, 2023. 风险社会视域下的韧性城市建设研究. 新视野(4): 73-79.

檀菲菲, 张萌, 李浩然, 等, 2014. 基于集对分析的京津冀区域可持续发展协调能力评价. 生态学报, 34(11): 3090-3098.

汤临佳, 池仁勇, 2012. 产业集群结构、适应能力与升级路径研究. 科研管理, 33(1): 1-9.

唐承辉, 马学广, 2022. 莱茵鲁尔城市群协同发展实践及其治理启示. 中国名城, 36(5): 23-30.

唐海萍, 陈姣, 薛海丽, 2015. 生态阈值: 概念、方法与研究展望. 植物生态学报, 39(9): 932-940.

唐皇凤, 王锐, 2019. 韧性城市建设: 我国城市公共安全治理现代化的优选之路. 内蒙古社会科学(汉文版), 40(1): 46-54.

唐彦东, 张青霞, 于汐, 2023. 国外社区韧性评估维度和方法综述. 灾害学, 38(1): 141-147.

滕堂伟, 方文婷, 2017a. 新长三角城市群创新空间格局演化与机理. 经济地理, 37(4): 66-75.

滕堂伟, 瞿丛艺, 曾刚, 2017b. 长江经济带城市生态环境协同发展能力评价. 中国环境管理, 9(2): 51-56, 85.

田柳, 狄增如, 姚虹, 2011. 权重分布对加权网络效率的影响. 物理学报, 60(2): 803-808.

万统帅, 李燕, 曾丽婷, 等, 2021. 区域视角下生态韧性测度研究: 以云南省 16 个地州市为例. 中国资源综合利用, 39(10): 44-47, 52.

王根城, 刘小明, 李健, 2007. 区域性交通影响评价阈值的确定方法. 城市交通(3): 67-70, 85.

王红瑞, 杨亚锋, 杨荣雪, 等, 2022. 水资源系统安全的不确定性思维: 从风险到韧性. 华北水利水电大学学报(自然科学版), 43(1): 1-8.

王江波, 沈天宇, 苟爱萍, 2021. 美国旧金山湾区海岸带韧性评估及其启示. 海洋湖沼通报, 43(5): 149-158.

王江波, 王俊, 苟爱萍, 2020a. 洛杉矶的韧性设计战略与行动计划. 城市建筑, 17(10): 28-30.

王江波, 王俊, 苟爱萍, 2020b. 西雅图城市韧性发展策略与启示. 城市建筑, 17(16): 67-69.

王劲峰, 徐成东, 2017. 地理探测器: 原理与展望. 地理学报, 72(1): 116-134.

王钧, 陈敬业, 宫清华, 等, 2023. 韧性视角下城市社会脆弱性评估及优化策略: 以珠三角城市群为例. 热带地理, 43(3): 474-483.

王兰体, 蔡国田, 赵黛青, 2016. 中国区域能源流动时空演进过程分析. 世界地理研究, 25(1): 12-21.

王曼琦, 王世福, 2018. 韧性城市的建设及经验: 以美国新奥尔良抗击卡特里娜飓风为例. 城市发展研究, 25(11): 145-150.

王佩, 毛伟, 2019. 珠三角低碳城镇化发展路径研究. 农村经济与科技, 30(21):288-290.

王鹏, 钟誉华, 颜悦, 2022. 科技创新效率与区域经济韧性交互分析: 基于珠三角地区的实证. 科技进步与对策, 39(8): 48-58.

王启轩, 张艺帅, 程遥, 2018. 信息流视角下长三角城市群空间组织辨析及其规划启示: 基于百度指数的城市网络辨析. 城市规划学刊(3): 105-112.

王强, 2022. 长短周期下长江中游城市经济韧性测度及影响因素研究. 武汉: 华中科技大学.

王祥荣, 谢玉静, 徐艺扬, 等, 2016. 气候变化与韧性城市发展对策研究. 上海城市规划(1): 26-31.

王兴鹏, 吕淑然, 2016. 基于知识协同的跨区域突发事件应急协作体系研究. 科技管理研究, 36: 216-221.

王宜强, 赵媛, 郝丽莎, 2014. 能源资源流动的研究视角、主要内容及其研究展望. 自然资源学报, 29(9): 1613-1625.

王永贵, 高佳, 2020. 新冠疫情冲击、经济韧性与中国高质量发展. 经济管理, 42(5): 5-17.

王玉明, 王沛雯, 2017. 城市群横向生态补偿机制的构建. 哈尔滨工业大学学报(社会科学版), 19(1): 112-120.

王喆, 周凌一, 2015. 京津冀生态环境协同治理研究: 基于体制机制视角探讨. 经济与管理研究, 36: 68-75.

王忠瑞, 2023. 暴雨洪涝灾害下考虑多重关联的城市关键基础设施韧性评估研究. 烟台: 山东工商学院.

韦胜, 王磊, 袁锦富, 2023. 站-城视角下长三角高铁网络"流"空间结构特征研究. 长江流域资源与环境, 32(9): 1898-1907.

魏楚, 沈满洪, 2007. 能源效率与能源生产率: 基于DEA方法的省际数据比较. 数量经济技术经济研究(9): 110-121.

魏凤英, 张婷, 2009. 东北地区干旱强度频率分布特征及其环流背景. 自然灾害学报, 18(3): 1-7.

魏丽华, 2022. 新发展格局下基于经济韧性的区域高质量发展问题探析: 以京津冀沪苏浙皖粤8省市为例. 经济体制改革(6): 5-12.

魏冶, 修春亮, 2020. 城市网络韧性的概念与分析框架探析. 地理科学进展, 39(3): 488-502.

吴波鸿, 陈安, 2018. 韧性城市恢复力评价模型构建. 科技导报, 36(16): 94-99.

吴富强, 杨晓丽, 陈雨佳, 2022. 金融集聚与城市经济质量: 基于效率、韧性与活力三维视角. 首都经济贸易大学学报, 24(5): 73-87.

吴康, 2015. 京津冀城市群职能分工演进与产业网络的互补性分析. 经济与管理研究, 36(3): 63-72.

吴康, 方创琳, 赵渺希, 2015. 中国城市网络的空间组织及其复杂性结构特征. 地理研究, 34(4): 711-728.

吴旭, 刘彬, 刘杰, 等, 2021. 基于多目标决策分析的水资源承载力研究. 水电能源科学, 39(1): 9, 42-45.

吴宇彤, 郭祖源, 彭翀, 2018. 效率视角下的长江上游韧性评估与规划策略//2018 中国城市规划年会论文集. 北京: 中国建筑工业出版社.

武文霞, 吴超, 李孜军, 2017. 城市群应急资源共享的基础性问题研究. 灾害学, 32(4): 230-234.

肖文涛, 王鹭, 2020. 韧性视角下现代城市整体性风险防控问题研究. 中国行政管理(2): 123-128.

肖岩平, 张普珩, 张雷, 等, 2021. 全生命周期交通基础设施普查监管系统建设. 北京测绘, 35(11): 1434-1439.

谢欣露, 郑艳, 2016. 气候适应型城市评价指标体系研究: 以北京市为例. 城市与环境研究(4): 50-66.

谢永, 张仁陟, 2008. 基于生态阈值带理论的废渣地稳态转换研究. 环境与可持续发展(2): 30-32.

辛伯雄, 牛建广, 王斐然, 等, 2023. "2+26"城市生态效率评价及影响因素研究: 基于三阶段 DEA 和 Bootstrap-DEA 模型. 河北地质大学学报, 46(1): 99-109.

辛怡, 何宁, 刘金华, 2015. 京津冀一体化背景下区域卫生资源配置分析. 中国卫生事业管理, 32: 443-445.

修春亮, 魏冶, 王绮, 2018. 基于"规模—密度—形态"的大连市城市韧性评估. 地理学报, 73(12): 2315-2328.

胥学峰, 2023. 中国西北农牧交错带植被恢复阈值和优化研究. 兰州: 兰州大学.

徐雪松, 闫月, 陈晓红, 等, 2023. 智慧韧性城市建设框架体系及路径研究. 中国工程科学, 25: 10-19.

徐圆, 张林玲, 2019. 中国城市的经济韧性及由来: 产业结构多样化视角. 财贸经济, 40: 110-126.

许学强, 周一星, 李越敏, 1997. 城市地理学. 北京: 高等教育出版社.

闫妍, 刘晓, 庄新田, 2010. 基于复杂网络理论的供应链级联效应检测方法. 上海交通大学学报, 44(3): 322-325, 331.

颜佳华, 高超, 2020. 长株潭城市群高等教育资源共享机制研究. 城市学刊, 41(2): 56-62.

颜克胜, 荣莉莉, 2021. 面向韧性提升的相互依赖关键基础设施网络灾后修复模型研究. 运筹与管理, 30(5): 21-30.

杨爱平, 2007. 论区域一体化下的区域间政府合作: 动因、模式及展望. 政治学研究: 77-86.

杨桂山, 徐昔保, 李平星, 2015. 长江经济带绿色生态廊道建设研究. 地理科学进展, 34(11): 1356-1367.

杨海涛, 谷德贤, 李文雯, 等, 2019. 阈值理论在生态退化和恢复中的应用综述. 河北渔业(2): 50-54.

杨航, 2023. 灾害应对过程的社会韧性研究: 基于滇西北金沙江上游灾害应对的考察. 灾害学, 38(3): 30-33, 59.

杨丽华, 孙桂平, 2014. 京津冀城市群交通网络综合分析. 地理与地理信息科学, 30(2): 77-81.

杨闩柱, 2003. 企业集群风险的研究: 一个基于网络的视角. 杭州: 浙江大学.

杨顺元, 2006. 全要素生产率理论及实证研究. 天津: 天津大学.

杨文斌, 韩世文, 张敬军, 等, 2004. 地震应急避难场所的规划建设与城市防灾. 自然灾害学报(1): 126-131.

杨妍, 孙涛, 2009. 跨区域环境治理与地方政府合作机制研究. 中国行政管理(1): 66-69.

姚梦汝, 陈焱明, 周枋津, 等, 2018. 中国—东盟旅游流网络结构特征与重心轨迹演变. 经济地理, 38(7): 181-189.

叶磊, 段学军, 欧向军, 2015. 基于交通信息流的江苏省流空间网络结构研究. 地理科学, 35(10): 1230-1237.

余南平, 梁菁, 2010. 金融危机下政策性金融机构抗压能力研究: 以美、德、日三国为例的比较. 华东师范大学学报(哲学社会科学版), 42(5): 105-112.

袁丽娜, 2021. 基于ATI和TVDI模型改进的黄土高原土壤湿度反演阈值优化与模拟研究. 徐州: 中国矿业大学.

袁敏航, 2017. 京津冀城市群城镇化与生态的弹性测度及优化策略研究. 武汉: 华中科技大学.

翟炜, 黄文亮, 2022. 基于成本-效益分析的海平面上升背景下基础设施适应性规划策略: 以美国佛罗里达为例. 上海城市规划(6): 32-39.

曾冰, 张艳, 2018. 区域经济韧性概念内涵及其研究进展评述. 经济问题探索(1): 176-182.

曾雪婷, 向华, 张帆, 2023. 人口-产业视角下京津冀水资源环境匹配性分析. 生态经济, 39(4): 160-169.

张驰, 陈涛, 倪顺江, 2020. 基于层次分析和模糊综合评价的电网系统应急能力评估. 中国安全生产科学技术, 16(2): 180-186.

张海波, 2019. 新时代国家应急管理体制机制的创新发展. 人民论坛·学术前沿(5): 6-15.

张宏乔, 2019. 基于信息流的中原城市群城市网络空间特征及演化分析. 地域研究与开发, 38(1): 60-64, 70.

张欢, 杨彦红, 王瑞祥, 2023. 甘肃省绿色金融发展对碳达峰与低碳韧性的影响研究: 基于 STIRPAT 模型和情景模拟的分析. 西部金融(2): 69-78.

张慧萍, 李彦华, 2022. 中国省域能源系统可持续发展研究: 基于韧性与效率协同发展视角. 环境科学与管理, 47(3): 178-183.

张垒, 2017. 韧性城市规划探索. 四川建筑, 37(6): 4-5, 8.

张梦婕, 官冬杰, 苏维词, 2015. 基于系统动力学的重庆三峡库区生态安全情景模拟及指标阈值确定. 生态学报, 35(14): 4880-4890.

张荣天, 2017. 长三角城市群网络结构时空演变分析, 经济地理, 37(2): 46-52.

张荣天, 焦华富, 2015. 长江经济带城市土地利用效率格局演变及驱动机制研究. 长江流域资源与环境, 24(3): 387-394.

张贤明, 张力伟, 2023. 顶层设计与地方创新: 国家纵向行政体系制度韧性的构建. 河南师范大学学报(哲学社会科学版), 50(1): 25-31.

张秀娥, 祁伟宏, 方卓, 2016. 美国硅谷创业生态系统环境研究. 科技进步与对策, 33(18): 59-64.

张学良, 李培鑫, 李丽霞, 2017. 政府合作、市场整合与城市群经济绩效: 基于长三角城市经济协调会的实证检验. 经济学(季刊), 16(4): 1563-1582.

张岩, 戚巍, 魏玖长, 等, 2012. 经济发展方式转变与区域弹性构建: 基于 DEA 理论的评估方法研究. 中国科技论坛(1): 81-88.

张永欢, 2022. 城市适灾韧性评估及影响因素分析: 以中国三大城市群为例. 太原: 太原理工大学.

张振, 李志刚, 胡璇, 2021. 城市群产业集聚、空间溢出与区域经济韧性. 华东经济管理, 35: 59-68.

张振, 赵儒煜, 2021. 区域经济韧性的理论探讨. 经济体制改革(3): 47-52.

赵冬月, 施波, 陈以琴, 等, 2016. 协同管理对城市韧性增强机制的影响. 管理评论, 28(8): 207-214.

赵方杜, 石阳阳, 2018. 社会韧性与风险治理. 华东理工大学学报(社会科学版), 33(2): 17-24.

赵宏宇, 李耀文, 2017. 通过空间复合利用弹性应对雨洪的典型案例: 鹿特丹水广场. 国际城市规划, 32(4): 145-150.

赵慧霞, 吴绍洪, 姜鲁光, 2007. 生态阈值研究进展. 生态学报(1): 338-345.

赵金龙, 黄弘, 朱红青, 等, 2019. 我国城市群突发事件应急协同机制研究. 灾害学, 34: 178-181.

赵林度, 2009. 城市群协同应急决策生成理论研究. 东南大学学报(哲学社会科学版), 11: 49-55, 124.

赵渺希, 黎智枫, 钟烨, 等, 2016. 中国城市群多中心网络的拓扑结构. 地理科学进展, 35(3): 376-388.

赵瑞东, 方创琳, 刘海猛, 2020. 城市韧性研究进展与展望. 地理科学进展, 39(10): 1717-1731.

赵延东, 2007. 社会资本与灾后恢复: 一项自然灾害的社会学研究. 社会学研究(5): 164-187, 245.

赵映慧, 姜博, 郭豪, 等, 2016. 基于公共客运的东北地区城市陆路网络联系与中心性分析, 经济地理, 36(2): 67-73.

赵玉丽, 2020. 中国国家治理"韧性"研究的分析与展望. 理论月刊(5): 37-47.

赵自阳, 王红瑞, 张力, 等, 2022. 长江经济带水资源-水环境-社会经济复杂系统韧性调控模型及应用. 水科学进展, 33(5): 705-717.

郑军, 朱甜甜, 2014. 经济效率和社会效率: 农业保险财政补贴综合评价. 金融经济学研究, 29(3): 88-97.

郑颖生, 王墨, 李建军, 等, 2021. 城市高温风险评估与气候适应性规划策略: 以亚热带高密度城市深圳为例. 规划师, 37(14): 13-19.

钟琪, 戚巍, 2010. 基于态势管理的区域弹性评估模型. 经济管理, 32(8): 32-37.

钟业喜, 吴思雨, 吴青青, 2022. 多要素网络结构韧性分析: 以长江中游城市群为例. 江西师范大学学报(哲学社会科学版), 55(5): 99-109.

周亮, 车磊, 周成虎, 2019. 中国城市绿色发展效率时空演变特征及影响因素. 地理学报, 74(10): 2027-2044.

周一星, 胡智勇, 2002. 从航空运输看中国城市体系的空间网络结构. 地理研究(3): 276-286.

周云龙, 2013. 复杂网络平均路径长度的研究. 合肥: 合肥工业大学.

朱浩义, 2005. 集群网络结构对集群网络功能的影响研究. 杭州: 浙江大学.

朱顺娟, 郑伯红, 2010. 城市群网络化联系研究: 以长株潭城市群为例. 人文地理, 25(5): 31, 65-68.

朱英明, 于念文, 2002. 沪宁杭城市密集区城市流研究. 城市规划汇刊(1): 31-33, 44-79.

宗会明, 张嘉敏, 刘绘敏, 2021. COVID-19疫情冲击下的中国对外贸易韧性格局及影响因素. 地理研究, 40(12): 3349-3363.

Adger W N, 2016. Social and ecological resilience: Are they related?. Progress in Human Geography, 24(3): 347-364.

Batten D F, 1995. Network cities: Creative urban agglomerations for the 21st century. Urban Studies, 32(2): 313-327.

Burt R S, 1982. Toward a structural theory of action. New York: Academic Press.

Camagni R P, Salone C, 1993. Network urban structures in northern Italy: Elements for a theoretical framework. Urban Studies, 30(6): 1053-1064.

Charnes A, Cooper W W, Rhodes E, 1978. Measuring the efficiency of decision making units. European Journal of Operational Research, 2(6): 429-444.

Cheng X, Long R Y, Chen H, et al., 2019. Coupling coordination degree and spatial dynamic evolution of a regional green competitiveness system: A case study from China. Ecological Indicators, 104: 489-500.

Chiu C R, Liou J L, Wu P I, et al., 2012. Decomposition of the environmental inefficiency of the meta-frontier with undesirable output. Energy Economics, 34(5): 1392-1399.

Christopherson S, Michie J, Tyler P, 2010. Regional resilience: Theoretical and empirical perspectives. Cambridge Journal of Regions, Economy and Society, 3(1): 3-10.

Crespo J, Suire R, Vicente J, 2014. Lock-in or lock-out? How structural properties of knowledge networks affect regional resilience. Journal of Economic Geography, 14(1): 199-219.

Davies A, Tonts M, 2010. Economic diversity and regional socioeconomic performance: An empirical analysis of the western Australian grain belt. Geographical Research, 48(3): 223-234.

Deng X Z, Bai X M, 2014. Sustainable urbanization in western China. Environment: Science and Policy for Sustainable Development, 56(3): 12-24.

Foster K A, 2010. Regional resilience: How do we know it when we see it?//Conference of Urban and Regional Policy and Its Effects.

Gompertz B, 1825. On the nature of the function expressive of the law of human mortality, and on a new mode of determining the value of life contingencies. Philosophical Transactions of the Royal Society of London(2): 252-253.

Gottmann J, 1957. Megalopolis or the urbanization of the northeastern seaboard. Economic Geography, 33(3): 189-200.

Granovetter M S, 1973. The strength of weak ties. American Journal of Sociology, 78(6): 1360-1380.

Gunderson L H, Holling C S, 2002. Panarchy: Understanding transformations in human and natural systems. Washington D.C.: Island Press.

Heinimann H R, Hatfield K, 2017. Infrastructure resilience assessment, management and governance-state and perspectives//Linkov I, Palma-Oliveira J. Resilience and Risk: Methods and Application in Environment, Cyber and Social Domains. Dordrecht: Springer: 147-187.

Hill E W, et al., 2008. Exploring regional economic resilience. Berkeley: University of California.

Holling C S, 1973. Resilience and stability of ecological systems. Annual Review of Ecology and Systematics, 4: 1-23.

Hossain M, Robert H, Tapan S, 2017. Pathways to a sustainable economy: Bridging the gap between Paris climate change commitments and net zero emissions. Berlin: Springer.

Huang J H, Xia J J, Yu Y T, et al., 2018. Composite eco-efficiency indicators for China based on data envelopment analysis. Ecological Indicators, 85: 674-697.

Hudson R, 2010. Resilient regions in an uncertain world: Wishful thinking or a practical reality?. Cambridge Journal of Regions, Economy and Society, 3(1): 11-25.

Kennedy C, Cuddihy J, Engel-Yan J, 2007. The changing metabolism of cities. Journal of Industrial Ecology, 11(2): 43-59.

Kiminami L, Button K, Nijkamp P, 2006. Public facilities planning. Cheltenham: Edward Elgar Publishing.

Li J S, Sun W, Li M Y, et al., 2021. Coupling coordination degree of production, living and ecological spaces and its influencing factors in the Yellow River Basin. Journal of Cleaner Production, 298: 126803.

Li W W, Yi P T, Zhang D N, et al., 2020. Assessment of coordinated development between social economy and ecological environment: Case study of resource-based cities in Northeastern China. Sustainable Cities and Society, 59: 102208.

Liao K H, Le T A, Van Nguyen K, 2016. Urban design principles for flood resilience: Learning from the ecological wisdom of living with floods in the Vietnamese Mekong Delta. Landscape and Urban Planning(155): 69-78.

Lin Y Z, Peng C, Shu J F, et al., 2022. Spatiotemporal characteristics and influencing factors of urban resilience efficiency in the Yangtze River Economic Belt, China. Environmental Science and Pollution Research, 29(26): 39807-39826.

Luo D, Liang L W, Wang Z B, et al., 2021. Exploration of coupling effects in the economy-society-environment system in urban areas: Case study of the Yangtze River Delta Urban Agglomeration. Ecological Indicators, 128: 107858.

Maguire B, Hagan P, 2007. Disasters and communities: Understanding social resilience. Australian Jouinal of Emergency Management, 22(2): 16-20.

Martin R, Sunley P, Tyler P, 2015. Local growth evolutions: Recession, resilience and recovery. Cambridge Journal of Regions, Economy and Society, 8(2): 141-148.

Meerow S, Newell J P, Stults M, 2016. Defining urban resilience: A review. Landscape and Urban Planning, 147: 38-49.

Mickwitz P, Melanen M, Rosenström U, et al., 2006. Regional eco-efficiency indicators: A participatory approach. Journal of Cleaner Production, 14(18): 1603-1611.

Mou Y, Luo Y Y, Su Z R, et al., 2021. Evaluating the dynamic sustainability and resilience of a hybrid urban system: Case of Chengdu, China. Journal of Cleaner Production, 291: 125719.

Newman M E J, 2003. Mixing patterns in networks. Physical Review E, Statistical, Nonlinear, and Soft Matter Physics, 67(2): 026126.

Oh D H, 2010. A metafrontier approach for measuring an environmentally sensitive productivity growth index. Energy Economics, 32(1): 146-157.

Pickett S T A, McGrath B, Cadenasso M L, et al., 2014. Ecological resilience and resilient cities. Building Research & Information, 42(2): 143-157.

Register R, 1987. Ecocity Berkeley: Building cities for a healthy future. Berkeley: North Atlantic Books.

Ren S G, Li X L, Yuan B L, et al., 2018. The effects of three types of environmental regulation on eco-efficiency: A cross-region analysis in China. Journal of Cleaner Production, 173: 245-255.

Sharifi A, Chelleri L, Fox-Lent C, et al., 2017. Conceptualizing dimensions and characteristics of urban

resilience: Insights from a co-design process. Sustainability, 9(6): 1032.

Simmie J, Martin R, 2010. The economic resilience of regions: Towards an evolutionary approach. Cambridge Journal of Regions, Economy and Society, 3(1): 27-43.

Sterbenz J P G, Çetinkaya E K, Hameed M A, et al., 2013. Evaluation of network resilience, survivability, and disruption tolerance: Analysis, topology generation, simulation, and experimentation. Telecommunication Systems, 52(2): 705-736.

Tone K, 2001. A slacks-based measure of efficiency in data envelopment analysis. European Journal of Operational Research, 130(3): 498-509.

Turok I, Bailey N, 2004. The theory of polynuclear urban regions and its application to Central Scotland. European Planning Studies, 12(3): 371-389.

Wang D, 2010. Evaluation and analysis of resilience and frangibility for transportation networks. Control Theory and Applications, 27(7): 849-854.

Wang S J, Fang C L, Guan X L, et al., 2014. Urbanisation, energy consumption, and carbon dioxide emissions in China: A panel data analysis of China's provinces. Applied Energy, 136: 738-749.

Wolman A, 1965. The metabolism of cities. Scientific American, 213(3): 178-193.

Yang Y Y, Bao W K, Liu Y S, 2020. Coupling coordination analysis of rural production-living-ecological space in the Beijing-Tianjin-Hebei Region. Ecological Indicators, 117: 106512.

Zhou C S, Shi C Y, Wang S J, et al., 2018. Estimation of eco-efficiency and its influencing factors in Guangdong Province based on Super-SBM and panel regression models. Ecological Indicators, 86: 67-80.

Zhu S Y, Li D Z, Feng H B, 2019. Is smart city resilient? Evidence from China. Sustainable Cities and Society, 50: 101636.